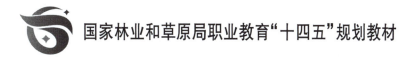

国家林业和草原局职业教育"十四五"规划教材

园林制图与识图

戴启培　黄东兵　王晓畅　主编

中国林业出版社
China Forestry Publishing House

内 容 简 介

本教材广泛吸收相关制图标准及园林企业的实践经验进行编写,主要包括:课程导入,园林制图基础训练,形体投影图的识读与绘制,园林要素平面图、立面图和剖面图的识读与绘制,园林效果图的绘制,园林设计图的综合识读。各个项目和任务遵循由单一到综合、由简单到复杂的阶梯式上升逻辑路线进行设计。每个任务由工作任务、知识准备、任务实施、考核评价和巩固训练5个环节组成。

本教材既可作为高等职业院校园林技术、园林工程技术、风景园林设计及相关专业的教材,也可作为企业设计施工、造价等岗位的培训教材。

图书在版编目(CIP)数据

园林制图与识图 / 戴启培,黄东兵,王晓畅主编. 北京:中国林业出版社,2024.12. —(国家林业和草原局职业教育"十四五"规划教材). — ISBN 978-7-5219-3016-0

Ⅰ.TU986.2

中国国家版本馆 CIP 数据核字第 2025SY1311 号

策划、责任编辑:田　苗
责任校对:苏　梅
封面设计:时代澄宇

出版发行:中国林业出版社
　　　　(100009,北京市西城区刘海胡同7号,电话83143557)
电子邮箱:jiaocaipublic@163.com
网　址:https://www.cfph.net
印　刷:北京印刷集团有限责任公司
版　次:2024年12月第1版
印　次:2024年12月第1次印刷
开　本:787mm×1092mm　1/16
印　张:13.5
字　数:311千字
定　价:52.00元

数字资源

《园林制图与识图》
编写人员

主　　编　戴启培　黄东兵　王晓畅

副 主 编　徐洪武　张爱娣　陶冶　林秀莲

编写人员（按姓氏拼音排序）

　　　　　陈志平（池州市天一园林绿化有限公司）
　　　　　戴启培（池州职业技术学院）
　　　　　高　云（黄山职业技术学院）
　　　　　郭　磊（北京景园人园艺技能推广有限公司）
　　　　　黄东兵（广东生态工程职业学院）
　　　　　纪凯婷（池州学院）
　　　　　李　月（辽宁生态工程职业学院）
　　　　　林秀莲（惠州工程职业学院）
　　　　　刘　慧（华艺智慧科技股份有限公司）
　　　　　刘玮芳（池州职业技术学院）
　　　　　陶　冶（芜湖职业技术学院）
　　　　　王嫦娟（池州职业技术学院）
　　　　　王唯一（黑龙江职业学院）
　　　　　王晓畅（江西环境工程职业学院）
　　　　　吴金林（池州职业技术学院）
　　　　　徐洪武（池州职业技术学院）
　　　　　杨　坤（新疆应用职业技术学院）
　　　　　杨丽华（惠州工程职业学院）
　　　　　杨　潇（宣城职业技术学院）
　　　　　张爱娣（广东生态工程职业学院）
　　　　　张婷婷（重庆建筑工程职业学院）
　　　　　赵弼皇（合肥职业技术学院）
　　　　　周艳丽（咸宁职业技术学院）

前 言

本教材坚持正确的政治方向和价值导向，将马克思主义立场、观点和方法贯穿教材始终，弘扬劳动光荣、技能宝贵的职业教育理念；坚持校企合作，深化产教融合，引入企业案例打造情境教学模式；坚持以学生为中心，以学生认知特点为主线，将知识、技能和正确价值观有机结合，采用任务驱动编写模式，以典型的真实工作任务为载体组织教学，激发学生学习兴趣和创新潜能。

本教材由 5 个项目 15 个任务组成，项目和任务的设置遵循由单一到综合、由简单到复杂的阶梯式上升逻辑路线进行设计。每个任务由工作任务、知识准备、任务实施、考核评价和巩固训练 5 个环节组成。

本教材由戴启培、黄东兵、王晓畅主编，具体分工如下：戴启培编写课程导入；吴金林、赵弼皇编写任务 1-1；徐洪武编写任务 1-2；张婷婷编写任务 1-3；王嫦娟、刘玮芳编写任务 1-4；林秀莲、杨丽华编写任务 2-1；黄东兵、张爱娣编写任务 2-2；王晓畅编写任务 3-1；杨潇、杨坤编写任务 3-2；陶冶、周艳丽编写任务 3-3；陶冶、王晓畅编写任务 3-4；高云、王晓畅编写任务 3-5；张爱娣编写任务 4-1；杨丽华、林秀莲编写任务 4-2；李月、徐洪武编写任务 5-1；王唯一、徐洪武编写任务 5-2；王晓畅、纪凯婷、徐洪武编写附录；工程图纸由刘慧、郭磊、陈志平提供。戴启培负责教材编写大纲的拟定和全书的统稿。

本教材的编写广泛吸收了相关制图标准以及北京绿京华生态园林股份有限公司、华艺智慧科技股份有限公司两家园林企业的实践经验，既可作为高等职业院校园林技术、园林工程技术、风景园林设计及相关专业的教材，也可作为企业设计施工、造价等岗位的培训教材。

本教材编写参阅了大量文献，并得到了其他兄弟院校、同行专家及老师的悉心指导，学生苏梦瑶、储晶晶参与了部分图纸的改绘。在此表示感谢！

由于编者水平有限，时间仓促，不足在所难免，欢迎各位同仁提出宝贵建议和意见。

编　者
2024 年 5 月

目　录

前　言

课程导入 ··· 1

项目 1　园林制图基础训练 ·· 6

　　任务 1-1　准备与使用常用制图工具 ··· 6
　　任务 1-2　绘制标准图框 ·· 10
　　任务 1-3　识读与绘制常用制图符号和图例 ··································· 23
　　任务 1-4　分析与绘制平面几何图形 ·· 34

项目 2　形体投影图的识读与绘制 ·· 44

　　任务 2-1　识读与绘制形体平、立面图 ··· 44
　　任务 2-2　识读与绘制形体剖面图和断面图 ··································· 65

项目 3　园林要素平面图、立面图和剖面图的识读与绘制 ················ 81

　　任务 3-1　识读与绘制园林建筑图 ··· 81
　　任务 3-2　识读与绘制种植设计图 ·· 101
　　任务 3-3　识读与绘制园路施工设计图 ·· 111
　　任务 3-4　识读与绘制园林竖向设计图 ·· 120
　　任务 3-5　识读与绘制假山、驳岸设计图 ····································· 135

项目 4　园林效果图的绘制 ·· 146

　　任务 4-1　绘制轴测图 ··· 146

任务 4-2　绘制透视效果图 …………………………………………………… 171

项目 5　园林设计图的综合识读 ……………………………………………… 186

　　任务 5-1　识读园林方案设计图 ……………………………………………… 186

　　任务 5-2　识读园林施工设计图 ……………………………………………… 193

参考文献 ………………………………………………………………………… 201

附录　常用图例节选 …………………………………………………………… 202

课程导入

1. 园林与园林图纸

专业技术人员通过设计，在场地内进行地形、水体改造，安排适当的建筑、合理的道路，栽植植物而形成的具有游憩和景观功能的场所，即园林。

表现园林的设计效果，或作为指导施工的详细文件的图纸，即园林图纸。它包括园林规划图、园林方案设计图、园林施工图、园林竣工图等多个阶段的图纸。

1) 学习本课程将获得的能力

(1) 会识读园林方案设计图（图1、图2）、园林工程施工图（图3）。

(2) 会手工绘制园林平面图、园林立面图、园林效果图（图4、图5）。

2) 本课程内容的学习方法

园林图纸是园林设计、园林工程施工、园林工程监理等的规范化语言，从业者必须养成严谨细致、一丝不苟的工作习惯。习惯的养成必须从学习阶段开始，本教材内容参考了相关的标准与规范，要求学生在学习时养成严谨的学习态度。

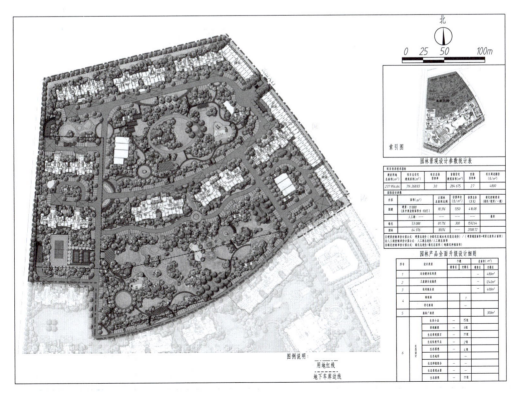

图1　某小区园林方案平面图

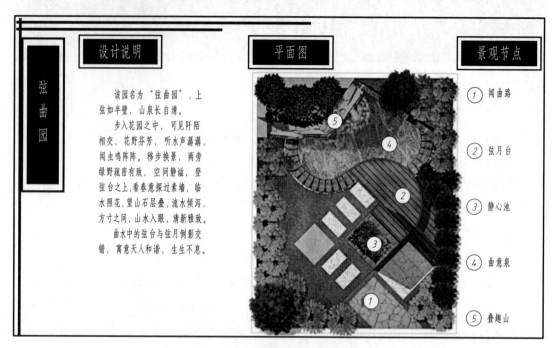

图2　某庭院景观方案平面图

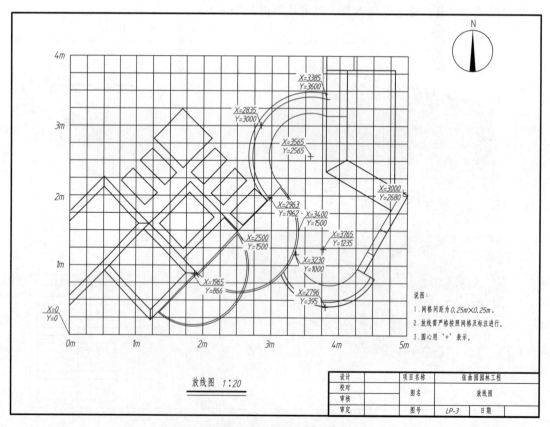

图3　某庭院景观施工图

图 4　某滨水公园景观方案鸟瞰图

图 5　某庭院景观鸟瞰图

① 多看、多思考、多动手，平时多注意观察周边的绿地、建筑，积累感性认识。
② 从易到难、由简及繁，独立完成各项任务及巩固训练。
③ 坚持按标准作图，保证图纸的规范性、标准性、准确性，提高作图效率。
④ 培养空间想象力，掌握现状与投影之间的关系。

2. 园林各岗位应掌握的技能

从表 1 中可以看出，通过本课程的学习，学生可运用制图标准和规范，尺规绘制园林平面图、园林立面图、园林地形图，会绘制简单的园林效果图，会识读复杂的整体效果图，初步掌握园林方案设计图、园林初步设计图和施工图包含的内容及三者的区别和联系，会阅读园林 3 个阶段的设计图纸，为后续专业课程的学习奠定良好的基础。

表 1　园林行业岗位与应会技能一览表

对应岗位	初始岗位	应会技能	通用技能
设计岗位	绘图员	熟练绘制园林各类图纸	精通园林制图相关规范、标准；会识读园林方案图、园林扩初设计图、园林工程施工图等与园林工程相关的全套图纸；会根据目录和索引图快速找到所需图纸
		熟练绘制园林简易效果图和鸟瞰图，精通轴测图和透视图的绘制方法	
	方案设计员	熟练绘制方案阶段各类图纸，精通方案阶段图纸包含内容	
	施工图设计员	熟练绘制初步设计图和施工图，会识读结构施工图与水电施工图，精通施工图识图步骤和施工图包含的内容	
园林工程现场管理岗位	施工员	熟练识读园林工程初步设计图和施工图，会正确运用索引图快速查到所需图纸，会根据施工图绘制竣工图	
	资料员	熟练识读园林工程初步设计图和施工图，会正确运用索引图快速查到所需图纸，会根据施工图编制工程资料	
	监理员	熟练识读园林工程施工图，会正确运用索引图快速查到所需图纸，会按图纸及有关标准对施工质量进行监督与检查	
	施工组织管理员	熟练识读施工图，总结出工程特点，制订合理的工程施工方案	
园林工程经济管理岗位	造价员	熟练识读施工图，会计算工程量	
	决算员	熟练识读施工图，会结合竣工图编制工程决算清单	
园林养护管理岗位	养护技术员	会识读图纸，能根据图纸找到对应的养护区域，并进行整改与养护	

3. 园林相关制图标准

园林图纸，涉及植物、水体、山石、建筑等多个要素的表现，因此在学习时，需要了解与熟悉的相关标准相对较多，建议学习者准备下列学习资料。

1)《总图制图标准》

《总图制图标准》(GB/T 50103—2010)由中华人民共和国住房和城乡建设部、国家质量监督检验检疫总局联合发布，自 2011 年 3 月 1 日起实施。《总图制图标准》是为了统一总图制图规则，保证制图质量，提高制图效率，做到图面清晰、简明，符合设计、施工、存档的要求，适应工程建设的需要而制定的国家标准。标准共分 3 章，主要内容包括：总则，基本规定，图例。

2)《房屋建筑制图统一标准》

《房屋建筑制图统一标准》(GB/T 50001—2017)由中华人民共和国住房和城乡建设部、国家质量监督检查检疫总局联合发布,自 2018 年 5 月 1 日起实施。标准主要内容包括:总则,术语,图纸幅面规格与图纸编排顺序,图线,字体,比例,符号,定位轴线,常用建筑材料图例,图样画法,尺寸标注,计算机辅助制图文件,计算机辅助制图文件图层,计算机辅助制图规则,协同设计。

3)《风景园林制图标准》

《风景园林制图标准》(CJJ/T 67—2015)由中华人民共和国住房和城乡建设部发布,自 2015 年 9 月 1 日起实施。标准的主要技术内容包括:总则,基本规定,风景园林规划制图,风景园林设计制图。

4. 本课程需要的制图工具

本课程以手绘为基本要求,需要使用图板、丁字尺、三角板、比例尺、曲线板、圆规、分规、铅笔、针管笔、马克笔、彩色铅笔等工具和绘图纸,在任务 1-1 中有详细描述。

项目 1　园林制图基础训练

学习目标

【知识目标】
1. 熟知制图的各种工具及操作要点；
2. 熟知园林制图的基本规范要求。

【技能目标】
1. 能够选择正确的制图工具，方便快捷地绘制图纸；
2. 能够按照园林图纸的基本制图规范要求，绘制图框和平面图。

【素质目标】
1. 培养良好的学习习惯，由被动学习转变为主动学习；
2. 树立规范和标准意识。

任务 1-1　准备与使用常用制图工具

工作任务

准备园林制图手绘工具并使用工具开展练习。

知识准备

学习园林制图必须掌握各种常用工具的使用方法，这样才能保证绘图质量，加快绘图的速度。

1. 图板

图板又称绘图板，用作图纸的垫板，是专门用来固定图纸的长方形案板，一般四周用硬木做成边框，然后双面镶贴胶合板形成板面，要求板面平整光滑，软硬适度，图板的左边为工作边，要求平直、光滑，以便使用丁字尺，如图 1-1-1 所示。

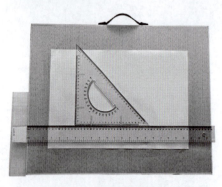

图 1-1-1　丁字尺与三角板配合

应选用椴木制作的图板，两面要平整，四边要平直且两两平行。由于图板是木制品，不可水洗与暴晒，使用后要妥善保存，以免翘曲变形。不可用刀具或硬质器具在图板上随意刻划。

常用绘图板的规格有 0 号、1 号、2 号等，图板规格一般与绘图纸张的规格相关，在使用过程中可以根据图纸幅面的需要选择图板。

2. 丁字尺

丁字尺又称 T 形尺，由相互垂直的尺头和尺身两部分组成，尺身上有刻度的一边为工作边，工作边必须平直。一般采用透明有机玻璃制作，有 45cm、60cm、80cm、90cm、100cm、120cm 等多种规格。

丁字尺主要用于画水平线，并可与三角板配合绘制垂直线及 15°角倍数的斜线。使用时左手扶住尺头，使它紧靠图板左边工作边，然后上下推动至尺身工作边对准画线位置，按住尺身，自左向右，自上而下逐条绘出。

丁字尺的尺身要求平整，工作边平直、刻度清晰准确，因此，一定要保护好丁字尺的工作边，不能用小刀靠近尺边切割纸张。丁字尺不用时应挂放或平放，不能斜倚放置或加压重物，以免尺身变形。

3. 三角板

三角板由两锐角都为 45°和两锐角分别为 30°、60°的两块直角三角形板组成。三角板与丁字尺配合使用，可自上而下画垂直线和 15°角倍数的斜线。绘制直线时将三角板的一条直角边紧靠待画线的右边，另一条直角边紧靠丁字尺工作边，然后左手按住尺身和三角板，右手持笔自下而上画线。

4. 比例尺

比例尺是在画图时按比例量取尺寸的工具，尺上刻有几种不同比例的刻度，可直接在图纸上绘出物体按该比例的实际尺寸，无须计算。常见的比例尺有三棱尺和比例直尺，三棱尺上有 6 种不同的比例刻度，可根据需要选用，如图 1-1-2 所示。

比例尺仅用来度量尺寸，不得用来画线，尺的棱边应保持平直，以免影响使用。一般选择 1∶500~1∶100 的比例尺较为适宜。

5. 曲线板

曲线板是用来描绘各种非圆曲线的专用工具，其样式很多，曲率大小也不同，如图 1-1-3 所示。

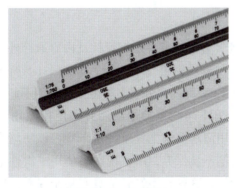
图 1-1-2　三棱尺

图 1-1-3　曲线板

6. 圆规

圆规是用来画圆及圆弧的工具，常用的是组合圆规。圆规一般配有3种插腿：铅笔插腿（画铅笔圆用）、直线笔插腿（画墨线圆用）、钢针插腿（可代替分规）。画大圆时可在圆规上接一个延伸杆，以扩大圆的半径，如图1-1-4所示。

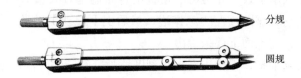

图 1-1-4　分规与圆规

画圆时应先调整针脚，使针尖稍长于铅笔芯或直线笔的笔尖，设定好半径，针尖对准圆心，然后转动圆规手柄，并使圆心略向旋转方向倾斜，顺时针方向从右下角开始画圆，圆或圆弧应一次性画完。

7. 分规

分规是用来等分线段和量取线段的工具。分规的形状与圆规相似，不同的是它的两腿均装有钢针，使用时两针尖必须平齐，如图1-1-4所示。

注意：圆规、分规等工具需要购买质量好的，使用时要注意安全和加强保护。

8. 绘图用笔

1）铅笔

绘图时应选择专用绘图铅笔。铅笔的笔芯软硬用拉丁字母B、H表示，B表示软芯铅笔，如B、2B，数字越大表示笔芯越软。H表示硬芯铅笔，如H、2H，数字越大表示笔芯越硬。HB表示铅笔笔芯软硬适中。绘图时底稿一般采用HB或H铅笔，描黑底稿时一般采用B或2B铅笔。

铅笔通常应削成锥形或扁平形，铅芯长6~8mm。注意：铅笔应从没有标记的一端开始使用，以便保留软硬标记。

2）针管笔

针管笔是上墨、描图所用的绘图笔，传统针管笔除笔尖是钢管针且内有通针外，其余部分的构造与普通钢笔基本相同，如图1-1-5所示。笔尖内径为0.1~1.2mm，分成多种型号，选用不同型号的针管笔可画出不同线宽的墨线。必须使用专用绘图墨水，用后要用清水及时把针管冲洗干净，以防堵塞。因为传统针管笔不易保养，所以现在多使用一次性尼龙材质笔头针管笔，这种新型针管笔具有易于保养、出水均匀流畅的优点，并且可以长时间使用。

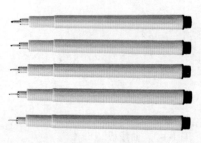

图 1-1-5　针管笔

3）马克笔

通常用来快速表达设计构思，能迅速地表达设计效果。马克笔分为水性马克笔、油性马克笔、酒精性马克笔，如图 1-1-6 所示。

油性马克笔快干、耐水，且耐光性相当好，颜色多次叠加不会伤纸。且色彩柔和，是最常用的一类马克笔。

水性马克笔颜色亮丽，有透明感，但多次叠加颜色后会变灰，而且容易损伤纸面。用蘸水的笔在上面涂抹，效果与水彩类似。

酒精性马克笔可在任何光滑表面书写，速干、防水、环保，可用于绘图、书写、做记号等。

4）彩色铅笔

彩色铅笔一般可分为蜡质彩色铅笔和水溶性彩色铅笔，实际使用中多使用水溶性彩色铅笔。水溶性彩色铅笔具有着色方便、色效均匀的特点，如果配合清水使用，还能达到类似水彩的效果，比较适合画建筑物和速写，如图 1-1-7 所示。

图 1-1-6　马克笔

图 1-1-7　彩色铅笔

9. 图纸

图纸分为绘图纸和描图纸。

绘图纸要求质地紧密而强韧，有光泽，尘埃度小，具有优良的耐擦性、耐磨性、耐折性，适于铅笔、针管笔等绘制。绘图纸是园林行业必不可少的，好的绘图纸决定绘图质量，决定以后工作的开展情况。绘图纸选购技巧：一是看绘图纸的白度。纸太白是因为加入了过多发光剂，对眼睛的健康不利。二是看绘图纸的含水量。一般来说，含水量低比较好。三是看是否做了防静电化学处理。选购时，可以仔细用手摸绘图纸，看是否光滑，有没有粉尘，如果有，通常是没有做好处理。四是同样重量的纸越薄越好。纸越薄表示加工质量越好，密度越大，挺度及防潮湿性越佳。

描图纸又称重氮纸，是一种具有较低不透明度的特种纸张，具有透光特性，曾广泛用于需精确复制的园林工程图纸。随着计算机辅助设计及数字打印等先进技术的出现与发展，描图纸的传统应用已逐渐减少。

任务实施

1. 准备制图工具

准备 2 号图板、60cm 丁字尺、20~25cm 三角板、圆规、分规、曲线板、针管笔、铅笔（H 型）、绘图纸、图纸固定胶带、裁纸刀等。

用湿布清洁图板，用纸巾擦拭三角板、比例尺、曲线板等；裁切绘图纸到合适的大小（420mm×297mm、841mm×594mm），削好铅笔等；将所有工具放在工具袋内。

2. 使用制图工具

①固定图纸到图板上。

②用丁字尺上下移动画一组互相平行的水平线。

③丁字尺与三角板配合画一组垂直线，以及 60°、45°、105°斜线。

④用圆规画 3 个大小不同且分别相切的圆。

⑤在图纸上任意添加 3 个点，用曲线板将其连接成光滑的曲线。

⑥以 1∶300 的比例，画一段 50m 长的线条，并标注比例与刻度。

⑦将上述所有线条用针管笔上墨。

⑧清洁图面。

考核评价

评价维度	评价标准	分值	自我评价（25%）	同学互评（25%）	教师评价（50%）	得分
知识性	准备的工具符合制图标准要求	40				
规范性	工具使用符合制图规范	20				
	绘图顺序正确	10				
工匠精神	图面整洁美观	10				
	工具、材料整理细致	10				
增值评价	对专业认知、课程认知进一步加深	10				
总分		100				

巩固训练

绘制 240×115×53 的标准砖、600×300×20 的花岗岩、500×240×200 加气砖等材料的平面图。

要求：用尺规作图；先用铅笔画底图，然后用针管笔或墨线笔加粗；用标准图纸进行绘制。

任务 1-2　绘制标准图框

工作任务

根据国家标准和规范，绘制某公司标准图框，如图 1-2-1 所示。

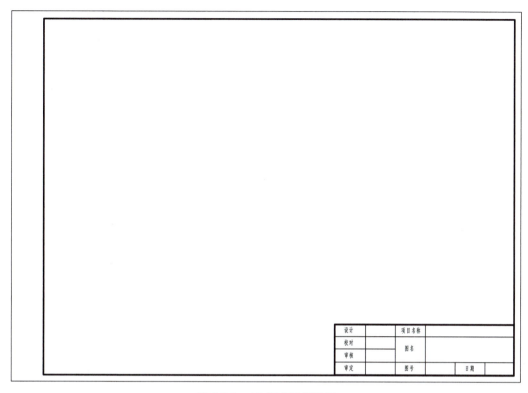

图 1-2-1　A3 标准图框示例

知识准备

1. 标准

《标准化工作指南　第1部分：标准化和相关活动的通用术语》（GB/T 20000.1—2014）将标准定义为：通过标准化活动，按照规定的程序经协商一致制定，为各种活动或其结果提供规则、指南或特性，供共同使用和重复使用的文件。该文件经协商一致制定并经一个公认机构的批准。它以科学、技术和实践经验的综合成果为基础，以促进最佳社会效益为目的。

国际标准化组织（ISO）的标准化原理委员会（STACO）一直致力于标准化概念的研究，先后以指南的形式对标准的定义作出统一规定：标准是由一个公认的机构制定和批准的文件。它对活动或活动的结果规定了规则、导则或特殊值，供共同和反复使用，以实现在预定领域内最佳秩序的效果。

《风景园林制图标准》（CJJ/T 67—2015）总则中规定："为规范风景园林的制图，准确表达图纸信息，保证图纸质量，制定本标准。"标准实质就是一个技术性文件，是各方应该共同遵守的准则和依据。

2. 图纸幅面规格

图纸幅面及图框尺寸应符合表 1-2-1 的格式。注意：图纸的短边尺寸不应加长，A0～

表 1-2-1　幅面及图框尺寸　　　　　　　　　　　　　　　　　　　　　　　mm

尺寸代号	幅面代号				
	A0	A1	A2	A3	A4
b×l	841×1189	594×841	420×594	297×420	210×297
c	10			5	
a	25				

A3 幅面长边尺寸可加长，加长尺寸应依据《房屋建筑制图统一标准》（GB/T 50001—2017）中的相关规定。

《风景园林制图标准》（CJJ/T 67—2015）规定，规划设计阶段和方案设计阶段的图纸版式应按下列要求进行绘制，如图 1-2-2 所示。

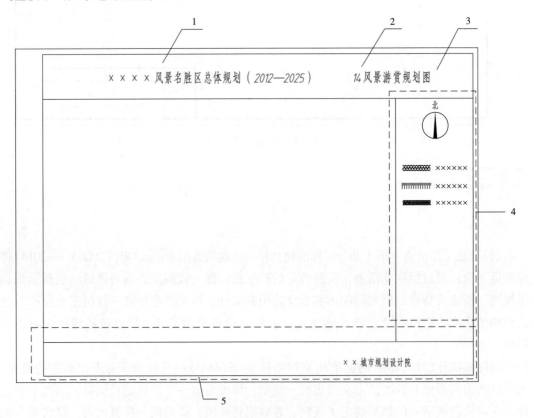

图 1-2-2　规划和方案设计图纸版式示例
[改绘自《风景园林制图标准》（CJJ/T 67—2015）]
1. 项目名称（主标题）　2. 图纸编号　3. 图纸名称（副标题）　4. 图标栏　5. 图签栏

初步设计和施工图设计图纸中应绘制图签栏，图签栏的内容应包含设计单位正式全称及资质等级、项目名称、项目编号、工作阶段、图纸编号、制图比例、技术责任、修改记录、编绘日期等。初步设计和施工图设计图纸的图签栏宜采用右侧图签栏或下侧图签栏。

①立式使用的图纸，应按图 1-2-3 的形式进行布置。

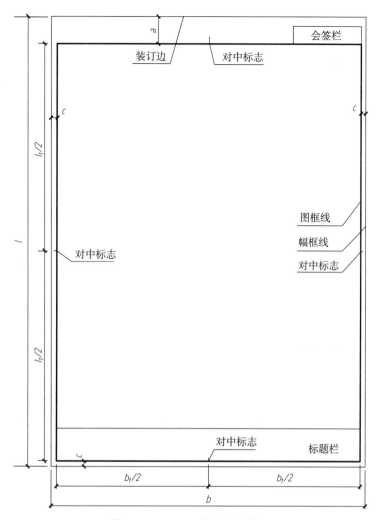

图 1-2-3　A0~A4 图纸立式幅面

［《房屋建筑制图统一标准》(GB/T 50001—2017)中有 3 种幅面样式，取其中一种样式］

②横式使用的图纸，应按图 1-2-4 的形式进行布置。

③标题栏和会签栏应按图 1-2-5(a)(b)绘制，会签栏按图 1-2-5(c)(d)绘制。

根据工程的需要选择确定其尺寸、格式及分区。签字栏就包括实名列和签名列，并符合图示要求。

在校学生可以将标题栏内的设计单位名称、注册师签章、项目经理、修改记录、工程名称、图号区、签字区、会签栏替换为学校名、班级名、学生学号、学生姓名、工程名称区、图号区、指导老师、批阅成绩、审批日期，方便日常学习。

3. 图线

图线的宽度 b，宜从 1.4mm、1.0mm、0.7mm、0.5mm、0.35mm、0.25mm、0.18mm、0.13mm 线宽系列中选取，b 一般视图幅的大小而定，宜用 1mm。图线宽度不应小于 0.1mm。每个图样应根据复杂程度与比例大小，先选定基本线宽 b，再选用表 1-2-2 所列的相应线宽组。

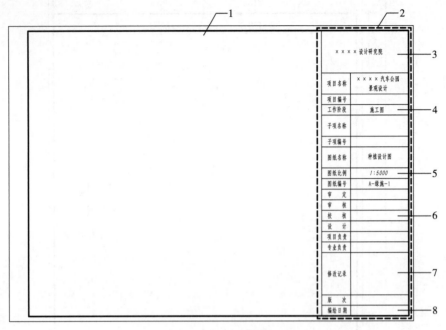

(a) A0~A3 右侧图签栏

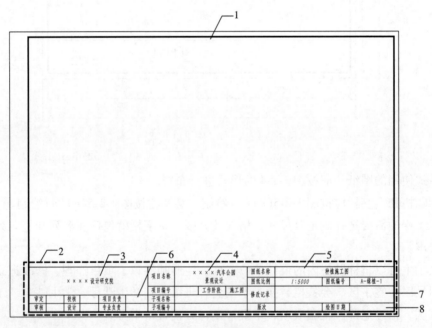

(b) A0~A3 下侧图签栏

图 1-2-4　图签栏

[改绘自《风景园林制图标准》(CJJ/T 67—2015)]

1. 绘图区　2. 图签栏　3. 设计单位正式全称及资质等级　4. 项目名称、项目编号、工作阶段
5. 图纸名称、图纸编号、制图比例　6. 技术责任　7. 修改记录　8. 编绘日期

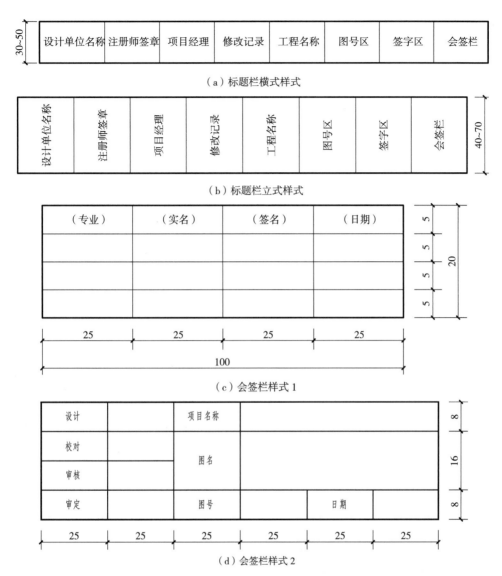

图 1-2-5 标题栏和会签栏样式

表 1-2-2 线宽组　　　　　　　　　　　　　　　　　　　　　　　　　　　　mm

线宽比	线宽组			
b	1.4	1.0	0.7	0.5
$0.7b$	1.0	0.7	0.5	0.35
$0.5b$	0.7	0.5	0.35	0.25
$0.25b$	0.35	0.25	0.18	0.13

注：1. 需要微缩的图纸，不宜采用 0.18mm 及更细的线宽。

2. 同一张图纸内，各不同线宽中的细线，可统一采用较细的线宽组的细线。

1）线型

园林制图中的主要线型有实线、虚线、单点长画线、双点长画线、折断线和波浪线。

其中，有些线型分为粗、中、细 3 种，见表 1-2-3 所列。

表 1-2-3　线型种类和作用

名称		线型	线宽	用途
实线	粗	——————	b	主要可见轮廓线
	中粗	——————	$0.7b$	可见轮廓线、变更云线
	中	——————	$0.5b$	可见轮廓线、尺寸线
	细	——————	$0.25b$	图例填充线、家具线
虚线	粗	— — — —	b	见各有关专业制图标准
	中粗	— — — —	$0.7b$	不可见轮廓线
	中	— — — —	$0.5b$	不可见轮廓线、图例线
	细	— — — —	$0.25b$	图例填充线、家具线
单点长画线	粗	—·—·—·—	b	见各有关专业制图标准
	中	—·—·—·—	$0.5b$	见各有关专业制图标准
	细	—·—·—·—	$0.25b$	中心线、对称线、轴线等
双点长画线	粗	—··—··—	b	见各有关专业制图标准
	中	—··—··—	$0.5b$	见各有关专业制图标准
	细	—··—··—	$0.25b$	假想轮廓线、成型前原始轮廓线
折断线	细	～/～	$0.25b$	断开界线
波浪线	细	～～～	$0.25b$	断开界线

2）图线画法及注意事项

①同一张图纸内，相同比例的各图样，应选用相同的线宽组。

②图纸的图框和标题栏线，可采用表 1-2-4 所列线宽。

表 1-2-4　图框线、标题栏线的宽度　　　　　　　　　　　　　　　　　mm

幅面代号	图框线	标题栏外框线	标题栏分格线
A0、A1	b	$0.5b$	$0.25b$
A2、A3、A4	b	$0.7b$	$0.35b$

③相互平行的图例线，其间隙或线中间隙，宜各自相等，不宜小于 0.2mm。

④单点长画线或双点长画线，当在较小图形中绘制有困难时，可用实线代替。虚线、单点长画线或双点长画线的线段长度和间隔宜各自相等。

⑤单点长画线或双点长画线的两端，不应是点。点画线与点画线交接或点画线与其他图线交接时，应是线段交接，如图 1-2-6 中的 a 点。

⑥虚线与虚线交接或虚线与其他图线交接时，应是线段交接，如图 1-2-6 中的 b 点。虚线为实线的延长线时，不得与实线相接，如图 1-2-6 中的 c 点。

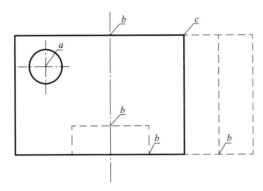

图 1-2-6　图线绘制方法示例

⑦图线不得与文字、数字或符号重叠、混淆。不可避免时，应首先保证文字清晰。

4. 字体

1）汉字

图样及说明中的汉字，宜采用 True Type 中的宋体，采用矢量字体时应为长仿宋体：
①仿宋体书写要领　横平竖直、起落分明、粗细一致、钩长锋锐、结构均匀、充满方格。长仿宋体示例如图 1-2-7（a）所示。
②字高　3.5mm、5mm、7mm、10mm、14mm、20mm。
③字宽　大于或等于 2.5mm。

2）数字和字母

数字和字母在图样上的书写分正体和斜体两种，但同一张图纸上必须统一。在汉字中的阿拉伯数字、罗马数字或拉丁字母，其字高宜比汉字字高小一号，但不应小于 2.5mm。

斜体字的斜度应从字的底线逆时针向上倾斜 75°，其高度与宽度应与相应的正体字相等，如图 1-2-7（b）所示。

| 横 | 平 | 竖 | 直 | 注 | 意 | 起 | 落 |
| 结 | 构 | 匀 | 称 | 笔 | 锋 | 满 | 格 |

（a）汉字采用国家正式公布的简化字，并采用长仿宋体

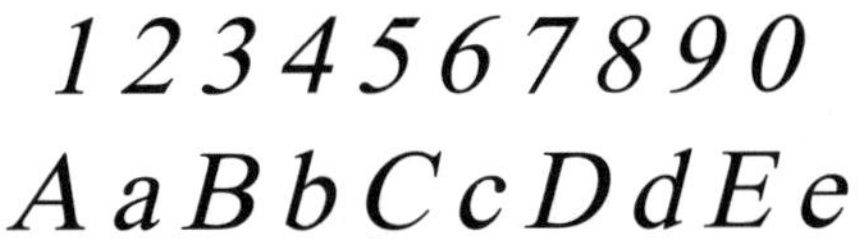

1234567890
AaBbCcDdEe

（b）字母、数字一般采用斜体字（向右倾斜约 75°）

图 1-2-7　字体

5. 比例

园林制图中，通常不能按照实际尺寸绘制，需按照一定比例放大或缩小。比例的大小指比值的大小，如1∶50大于1∶100。比例宜注写在图名的右侧，如图1-2-8所示，字的基准线应取平，比例的字高宜比图名的字高小一号。

平面图　1∶100　　平面图　1∶100　　⑥ 1∶20

图1-2-8　比例尺的注写

注意：在专业课程学习过程中，比例尺的设定要符合标准中的基本要求。

6. 尺寸标注

尺寸标注的组成包括尺寸界线、尺寸线、尺寸起止符号、尺寸数字。

1）线段尺寸标注

尺寸界线应用细实线绘制，一般与被注长度垂直，其一端应离开图样轮廓线不小于2mm，另一端宜超出尺寸线2~3mm，如图1-2-9所示。

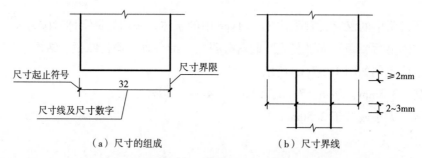

（a）尺寸的组成　　（b）尺寸界线

图1-2-9　线段尺寸标注

①尺寸线应用细实线绘制，应与被注长度平行。图样本身的任何图线均不得用作尺寸线。

②尺寸起止符一般用中粗斜短线绘制，其倾斜方向应与尺寸界线呈顺时针45°，长度宜为2~3mm。

③图样上的尺寸，应以尺寸数字为准，不得从图上直接量取。标注尺寸数字时应符合下列规定：

- 图样上尺寸数字的单位，除标高和总平面图以米为单位外，其他必须以毫米为单位。
- 尺寸数字一般应依据其方向注写在靠近尺寸线的上方中部，如没有足够的注写位置，最外边的尺寸数字可注写在尺寸线的外侧，中间相邻的尺寸数字可上下错开注写，也可引出注写，引出线端部用圆点表示标注尺寸的位置。当尺寸线为竖直方向时，尺寸数字注写在尺寸线的左侧，字头朝左。
- 任何图线不得穿过尺寸数字，当不能避免时，应将尺寸数字处的图线断开。
- 互相平行的尺寸线，应从被注写的图样轮廓线由近向远整齐排列。尺寸标注依次为细部尺寸、轴线尺寸、总尺寸。

2）半径尺寸标注

半径的尺寸线应一端从圆心开始，另一端画箭头指向圆弧。半径数字前应加注半径符号"R"，如图 1-2-10（a）所示。较大圆弧的半径，可按图 1-2-10（b）所示形式标注；较小圆弧的半径，可按图 1-2-10（c）所示形式表示。

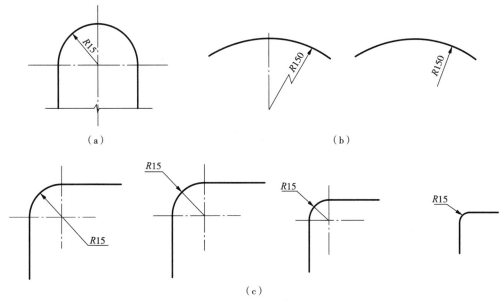

图 1-2-10　半径标注

3）直径尺寸标注

直径的尺寸线应通过圆心，两端画箭头指向圆弧。标注圆的直径尺寸时，直径数字前应加直径符号"φ"，如图 1-2-11 所示。

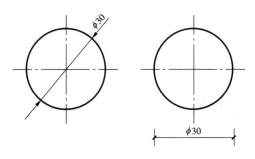

图 1-2-11　直径标注

4）角度、弧长、弦长的标注

角度的尺寸线应以圆弧表示。该圆弧的圆心应是该角的顶点，角的两条边为尺寸界线。起止符号应用箭头表示，如没有足够位置画箭头，可用圆点代替，角度数字应沿尺寸线方向注写。

标注圆弧的弧长时，尺寸线应用与该圆弧同心的圆弧线表示，尺寸界线应指向圆心，起止符号用箭头表示，弧长数字上方或前方应加注圆弧符号"⌒"，如图 1-2-12 所示。

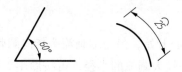

图 1-2-12　角度、弧度标注

标注圆弧的弦长时,尺寸线应以平行于该弦的直线表示,尺寸界线应垂直于该弦,起止符号用中粗斜短线表示。

5) 坡度标注

坡度常用百分数、比例或比值表示。标注坡度时,在坡度数字下,应加注坡度符号,如图 1-2-13 所示。

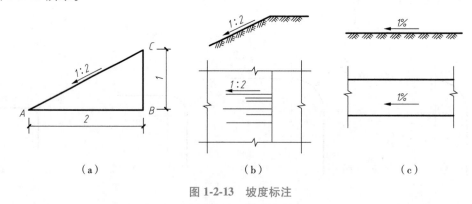

图 1-2-13　坡度标注

注意:坡度=两点间的高度差(通常为 1)/两点间的水平距离。坡度平缓时,坡度可用百分数表示,箭头应指向下坡方向。

6) 标高标注

①标高符号应用直角等腰三角形表示,标高的单位为米,注写到小数点以后第三位,图上单位可不必注明。

②零点标高应注写为±0.000,正数标高前不加"+",负数标高前一定要加"-"。

③总平面图室外地坪标高符号,宜用涂黑的三角形表示,如图 1-2-14(a)所示。

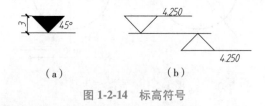

图 1-2-14　标高符号

④标高符号的尖端应指向被注高度的位置。尖端宜向下,也可向上。标高数字应注写在标高符号的上侧或下侧,如图 1-2-14(b)所示。

⑤水面高程(水位)符号同立面高程符号,并在水面线以下绘 3 条线,如图 1-2-15 所示。

风景园林设计中初步设计和施工图设计图纸的标注除了符合现行国家标准《房屋建筑制图统一标准》(GB/T 50001—2017)中的相关规定外,还需要符合《风景园林制图标准》(CJJ/T 67—2015)中表 4.5.1 中的规定。

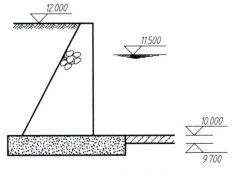

图 1-2-15 水面标高

任务实施

①选择 A3 图纸,确定边框尺寸,若边框尺寸为 420mm×297mm,则无须绘制外框;若图纸边框尺寸大于 A3 尺寸,应绘制图框外框,如图 1-2-16(a)所示。

②绘制内框,其中左边内框距外框 25mm,其他 3 边距外框 5mm,根据距离做出四边的平行线,依次交于 A、B、C、D 点,完成内框绘制,如图 1-2-16(b)所示。

③在内框右下角绘制标题栏,依次从下往上偏移间距为 8mm 的 4 条线段,依次从右往左偏移间距为 25mm 的 6 条线段,如图 1-2-16(c)所示。

④用针管笔上墨线,其中内框及标题栏外框须加粗(线条等级最高),擦除铅笔痕迹,清洁图面,如图 1-2-16(d)所示。

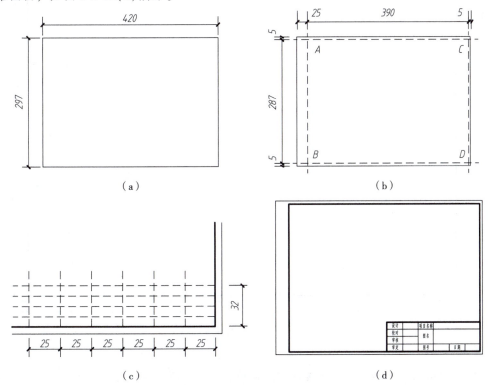

图 1-2-16 图框绘制的作图步骤

考核评价

评价维度	评价标准	分值	自我评价（25%）	同学互评（25%）	教师评价（50%）	得分
知识性	图纸大小、尺寸标准，符合绘图的要求	20				
	标题栏尺寸规范、字体标准	20				
规范性	工具使用符合规范	20				
	绘图顺序正确	10				
工匠精神	图面整洁美观	10				
	具备绘图员岗位人员精益求精的意识	10				
增值评价	加深对绘图纸、图框标准的认识	10				
	总分	100				

巩固训练

绘制图 1-2-17 所示图框。

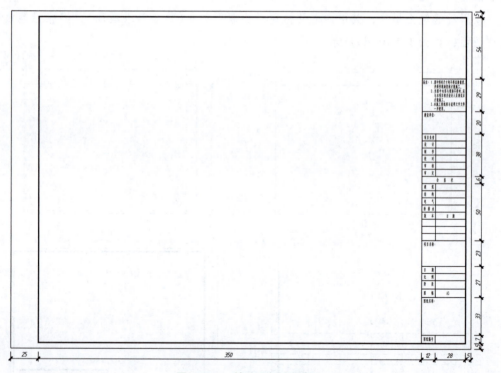

图 1-2-17 某公司标准图框

要求：

（1）图纸整洁、干净，尽量不要用橡皮涂改，方便图纸的再使用。

（2）图线等级分明，线条流畅，字体规范。

任务 1-3　识读与绘制常用制图符号和图例

工作任务

在绘制好标准图框的图纸上，绘制常用制图符号和图例。

知识准备

为了便于识图、绘图和进行技术交流等，必须对图样的画法等标准进行统一。制图符号与图例是园林图纸的重要组成部分，通过这些符号和图例，能够更准确翔实地掌握图纸各方面的内容，如工程标高、尺寸标注、剖切位置等。

1. 常用符号

1）索引符号与详图符号

（1）索引符号

在绘图时，图样中的某一局部或构件需要有更详细的局部图，则用索引符号来索引，同时也可用于查阅详图的详细标注与说明内容。索引符号由直径为 8~10mm 的圆和水平直径线组成。水平直径线将圆分为上下两半。上半圆注写详图的编号，下半圆注写详图所在图纸的编号，如图 1-3-1(a) 所示。

①索引出的详图如与被索引的详图在同一张图纸内，应在索引符号的上半圆中用阿拉伯数字注明该详图的编号，并在下半圆中间画一段水平细实线，如图 1-3-1(b) 所示。

②索引出的详图如与被索引的详图不在同一张图纸内，应在索引符号的上半圆中用阿拉伯数字注明该详图的编号，在索引符号的下半圆用阿拉伯数字注明该详图所在图纸的编号，如图 1-3-1(c) 所示。如数字较多，可加文字标注。

③索引出的详图如采用标准图，应在索引符号水平直径的延长线上加注该标准图册的编号，如图 1-3-1(d) 所示。需要标注比例时，文字写在索引符号右侧或延长线下方，与符号下对齐。

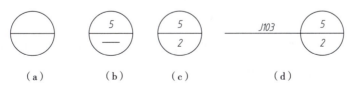

图 1-3-1　详图索引

④索引符号如用于索引图样局部剖面或断面详图，应在被剖切的部位绘制剖切位置线，并用引出线引出索引符号，引出线所在的一侧为剖视方向，如图 1-3-2 所示。

（2）详图符号

详图符号绘制于详图的下方，详图的位置和编号应用详图符号来表示。详图符号应用直径为 14mm 的粗实线绘制，按以下规定编号：

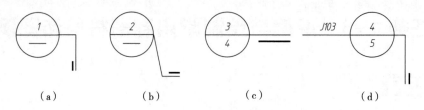

图 1-3-2　索引剖面、断面详图的索引标志

①当详图与被索引的图样在同一张图纸上时,应用阿拉伯数字在详图符号内注明该详图的编号,如图 1-3-3(a)所示。

②当详图与被索引的图样不在一张图纸上时,应在详图符号内用细实线画一条水平直径线段,且在上半圆中注明详图的编号,在下半圆中注明被索引的图样所在的图纸号,如图 1-3-3(b)所示。

图 1-3-3　详图符号

2)引出线

①在图纸中有些图样的详图需要用文字加以说明时,常用引出线引出。引出线应用细实线绘制,用水平方向的直线或与水平方向成 30°、45°、60°、90°的直线,并经上述角度再折为水平线。文字说明宜注写在水平线的上方,如图 1-3-4(a)所示,也可注写在水平线的端部,如图 1-3-4(b)所示。索引详图的引出线应与水平直径相连,且要对准索引符号的圆心,如图 1-3-4(c)所示。

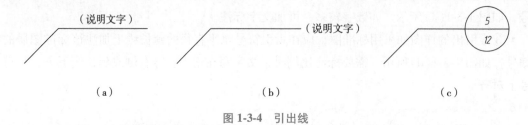

图 1-3-4　引出线

②同时引出的几个相同部分的引出线,宜互相平行,如图 1-3-5(a)所示,也可画成集中于一点的放射线,如图 1-3-5(b)所示。

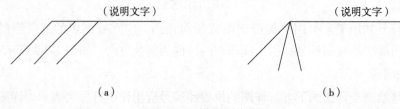

图 1-3-5　共同引出线

③多层构造或多层管道共用引出线，应通过被引出的各层，并用圆点示意对应各层次。如层次为竖向排序，文字说明要注写在水平线的上方，或注写在水平线的端部，说明的顺序应由上至下，并与被说明的层次对应一致；如层次为横向排序，则由上至下的说明顺序应与由左至右的层次对应一致，如图 1-3-6 所示。

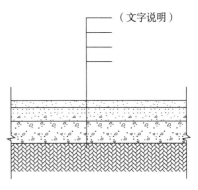

图 1-3-6　多层共用引出线

3) 剖切符号

剖切符号是剖视图中用以表示剖切面剖切位置及投射方向的图线。剖切符号由剖切位置线与剖视方向线构成。

①剖切符号用粗实线表示，剖切位置线的长度为 6~10mm；剖视方向线应垂直于剖切位置线，长度为 4~6mm。即长边的方向表示切的方向，短边的方向表示看的方向。也可采用国际统一和常用的剖视方法，如图 1-3-7 所示。绘制时，剖切符号不应与其他图线接触。

②剖切符号的编号宜采用粗阿拉伯数字，按剖切顺序由左至右、由下向上连续编排，并应注写在剖视方向线的端部，如图 1-3-7 (a) 所示，也可采用如图 1-3-7 (b) 所示的常用剖视方法。

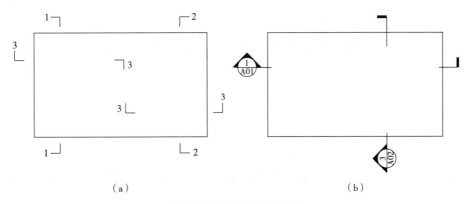

图 1-3-7　剖视的剖切符号

③需要转折的剖切位置线，应在转角的外侧加注与该符号相同的编号，如图 1-3-7(a) 所示。

④建（构）筑物剖面图的剖切符号应注在 ±0.000 标高的平面图或首层平面图上。

2. 定位轴线

定位轴线是用以确定主要结构位置的线，如确定建筑的开间或柱距、进深或跨度的线都是定位轴线。定位轴线一般应编号，编号应注写在轴线端部的圆内，圆应用细实线绘制，直径为 8~10mm，定位轴线圆的圆心，应在定位轴线的延长线上或延长线的折线上。在编号时应注意以下几点：

①宜标注在图样的下方与左侧，横向编号应用阿拉伯数字，按从左至右顺序编写，竖向编号应用大写拉丁字母，按从下至上顺序编写，如图 1-3-8 所示。

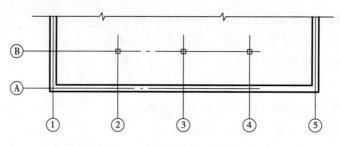

图 1-3-8　定位轴线的编号顺序

②拉丁字母的 I、O、Z 不得用作轴线编号，如字母数量不够，可增用双字母或单字母加数字注脚，如 AA、BA……YA 或 A1、B1……Y1。组合较复杂的平面图中定位轴线也可采用分区编号，编号的注写形式应为"分区号-该分区编号"，分区号采用阿拉伯数字或大写拉丁字母表示。

③附加定位轴线的编号，应用分数形式表示，并按下列规定编写：两根轴线间的附加轴线，应以分母表示前一轴线的编号，分子表示附加轴线的编号，编号宜用阿拉伯数字顺序编写，如图 1-3-9 所示。

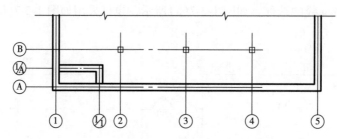

图 1-3-9　详图的轴线编号

④一个详图适用于几根轴线时，应同时注明各相关轴线的编号。

⑤通用详图中的定位轴线，只画圆，不注写轴线编号。

⑥圆形平面图中定位轴线的编号，其径向轴线宜用阿拉伯数字表示，从左下角开始，按逆时针顺序编写；其圆周轴线宜用大写拉丁字母表示，按从外向内顺序编写，如图 1-3-10 所示。

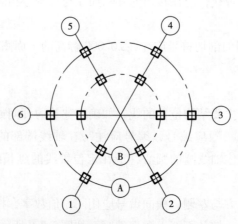

图 1-3-10　圆形平面定位轴线的编号

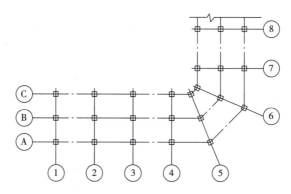

图 1-3-11 折线形平面定位轴线的编号

⑦折线形平面定位轴线的画法和编号如图 1-3-11 所示编写。

3. 其他符号

1)对称符号

对于结构对称的图形,可只绘制出对称图形的一半。对称符号的对称线用细点长画线来绘制,平行线用细实线绘制,其长度宜为 6~10mm,每对的间距宜为 2~3mm;对称线垂直平分两对平行线,两端超出平行线宜为 2~3mm,如图 1-3-12 所示。

2)连接符号

当某图形绘制位置不够时,可分为几个部分来绘制,用连接符号的折断线表示需连接的部位。两部位相距过远时,折断线两端靠图样一侧应标注大写拉丁字母表示连接编号。两个被连接的图样需用相同的字母来编号,如图 1-3-13 所示。

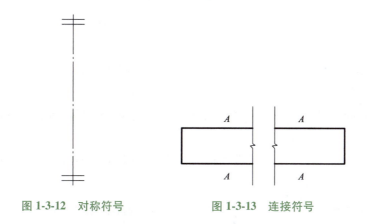

图 1-3-12 对称符号　　　图 1-3-13 连接符号

3)指北针与风玫瑰图

①指北针　用来指示方向。指北针形状需按相关规定来绘制,圆的直径宜为 24mm,应用细实线绘制,指针尾部的宽度宜为 3mm,指针头部需标注"北"或"N"字。需用较大直径绘制指北针时,指针尾部的宽度宜为直径的 1/8,如图 1-3-14 所示。

②风玫瑰图 风玫瑰图是风向频率玫瑰图简称,是在总平面图上用来表示某地区风向频率的标志。风向频率是在一定时间内各种风向出现的次数占所有观察次数的百分比。根据各个方向风的出现频率,以相应的比例长度按风向中心吹,描在用8个或16个方位表示的图上,然后将各相邻方向的端点用直线连接起来,绘成一个玫瑰形状的闭合折线,即风玫瑰图。图中线段最长者为当地主导风向,风玫瑰图可直观地表示年、季、月等的风向,为城市规划、建筑设计和气候研究所常用,如图1-3-15所示。

图1-3-14 指北针

图1-3-15 风玫瑰图

4. 常用风景园林图例

设计图纸常用图例应符合《风景园林制图标准》(CJJ/T 67—2015)、《总图制图标准》(GB/T 50103—2010)和《房屋建筑制图统一标准》(GB/T 50001—2017)中的相关规定。

1) 设计图纸常用图例(表1-3-1)

表1-3-1 设计图纸常用图例

序号	名称	图例	说明
1	温室建筑		依据设计绘制具体形状
2	原有地形等高线		用细实线表达
3	设计地形等高线		等高距要根据比例进行相应调整
4	山石假山		根据设计绘制具体形状,人工塑山需标注文字
5	土石假山		包括"土包石""石包土"及土假山
6	独立景石		依据设计绘制具体形状
7	自然水体		依据设计绘制具体形状,用于总图

（续）

序号	名称	图例	说明
8	规则水体	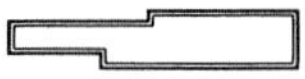	依据设计绘制具体形状，用于总图
9	跌水、瀑布		依据设计绘制具体形状，用于总图
10	旱涧		包括旱溪，依据设计绘制具体形状，用于总图
11	溪涧	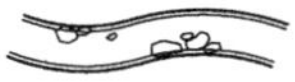	依据设计绘制具体形状，用于总图
12	绿化	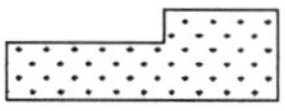	施工图总平面图中绿地不宜标示植物，以填充及文字进行表达
13	花架	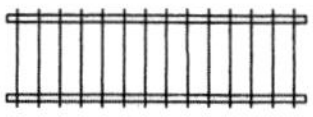	依据设计绘制具体形状，用于总图
14	座凳		用于表示座椅的安放位置，单独设计的根据设计形状绘制，文字说明
15	花台、花池	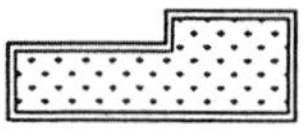	依据设计绘制具体形状，用于总图
16	雕塑		仅表示位置，不表示具体形态，根据实际绘制效果确定大小，也可依据设计形态表示
17	饮水台		
18	标识牌		
19	垃圾桶		

2）常用园林建筑材料图例

标准图只规定常用建筑材料的图例画法，对其尺度比例不作具体规定。使用时，应根据图样大小而定，并注意下列事项：

①图例线应间隔均匀，疏密适度，做到图例正确，表示清楚。

②常用建筑材料应按表1-3-2所列图例画法绘制，当选用标准中未包括的建筑材料时，可自编图例，但不得与标准所列的图例重复。

表 1-3-2　常用建筑材料图例

序号	名称	图例	备注
1	自然土壤		包括各种自然土壤
2	夯实土壤		包括利用各种回填土进行夯实的土壤
3	砂、灰土		靠近轮廓线绘较密的点
4	砂砾石、碎砖、三合土		此图可表示砂砾石、碎砖、三合土 3 类
5	石材		包括岩层、砌体、铺地、贴面等材料
6	毛石		包括各种乱毛石与平毛石
7	实心砖、多孔砖		包括普通砖、多孔砖、混凝土砖等砌体
8	耐火砖		包括耐酸砖等砌体
9	空心砖、空心砌块		包括空心砖、普通或轻骨混凝土小型空心砌块等砌体
10	加气混凝土		包括加气混凝土砌块砌体、加气混凝土墙板及加气混凝土材料制品等
11	饰面砖		包括铺地砖、玻璃马赛克、陶瓷锦砖、人造大理石等
12	焦渣、矿渣		包括与水泥、石灰等混合而成的材料
13	混凝土		(1) 本图例指能承重的混凝土及钢筋混凝土 (2) 包括各种强度等级、骨料、添加剂的混凝土
14	钢筋混凝土		(3) 在剖面图上画出钢筋时，不画图例线 (4) 断面图形小，不易画出图例线时，可涂黑
15	多孔材料		包括水泥珍珠岩、沥青珍珠岩、泡沫混凝土、非承重加气混凝土、软木、蛭石制品等

(续)

序号	名称	图例	备注
16	纤维材料		包括矿棉、岩棉、玻璃棉、麻丝、木丝板、纤维板等
17	泡沫塑料材料	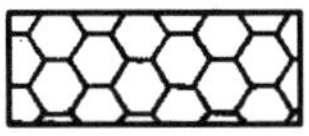	包括聚苯乙烯、聚乙烯、聚氨酯等多孔聚合物类材料
18	木材	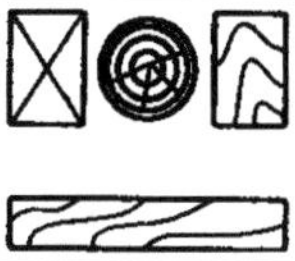	(1)上图为横断面,左上图为垫木、木砖或木龙骨 (2)下图为纵断面
19	胶合板		应注明为×层胶合板
20	石膏板	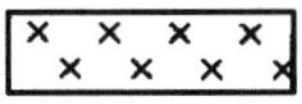	包括圆孔、方孔石膏板、防水石膏板等
21	金属		(1)包括各种金属 (2)图形小时,可涂黑
22	网状材料		(1)包括金属、塑料网状材料 (2)应注明具体材料名称
23	液体	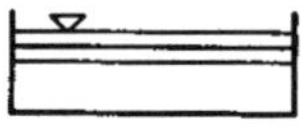	应注明具体液体名称
24	玻璃		包括平板玻璃、磨砂玻璃、夹丝玻璃、钢化玻璃、中空玻璃、加层玻璃、镀膜玻璃等
25	橡胶		包括各种天然橡胶和合成橡胶
26	塑料		包括各种软、硬塑料及有机玻璃等
27	防水材料		构造层次多或绘制比例大时,采用上面图例
28	粉刷		本图例采用较稀的点

3) 园林植物图例

①方案设计中的种植设计图应区分乔木(常绿、落叶)、灌木(常绿、落叶)、地被植物(草坪、花卉)。有较复杂植物种植层次或地形变化丰富的区域,应用立面图或剖面图清楚地表达该区植物的形态特点。

②初步设计和施工图设计中种植设计图的植物图例宜简洁清晰,同时应标出种植点,并应通过标注植物名称或编号区分不同类别的植物。初步设计和施工图图纸的植物图例应符合表 1-3-3 所列。

表 1-3-3 初步设计和施工图设计中的植物图例

序号	名称	图形			图形大小
		单株		群植	
		设计	现状		
1	常绿针叶乔木				乔木单株冠幅宜按实际冠幅为 3~6m 绘制,灌木单株冠幅宜按实际冠幅为 1.5~3m 绘制,可根据植物合理冠幅选择大小
2	常绿阔叶乔木				
3	落叶阔叶乔木				
4	常绿针叶灌木				
5	常绿阔叶灌木				
6	落叶阔叶灌木				
7	竹类		--		单株为示意;群植范围按实际分析情况绘制,在其中示意单株图例
8	地被				按照实际范围绘制
9	绿篱				

🍃 任务实施

①固定图纸　选择绘制好图框的 A2 图纸固定在图板上。
②注写标题栏　按照任务要求填写标题栏内相关信息。
③确定绘制内容和图纸布局　绘制《风景园林制图标准》(CJJ/T 67—2015)中的 4.4 和 4.6 中的内容,根据绘制内容做好图纸幅面分布。
④绘制符号　包括指向索引、剖切索引、立面索引、索引框等,其中圆圈直径为 10mm。
⑤绘制图例　绘制标准的初步设计阶段和施工图设计阶段的常用图例。
⑥上墨线　用针管笔加黑符号和图例,完成任务。

考核评价

评价维度	评价标准	分值	自我评价（25%）	同学互评（25%）	教师评价（50%）	得分
知识性	图例正确	20				
	索引符号、索引线等尺寸大小正确	20				
规范性	图纸固定、标题栏注写等规范	15				
	线型等级分明、字体符合规范	15				
工匠精神	图面整洁美观	10				
	具备绘图员岗位人员精益求精的意识	10				
增值评价	对图例、索引符号等识别力增强	10				
总分		100				

巩固训练

绘制图 1-3-16 的定位轴线，尺寸自定。

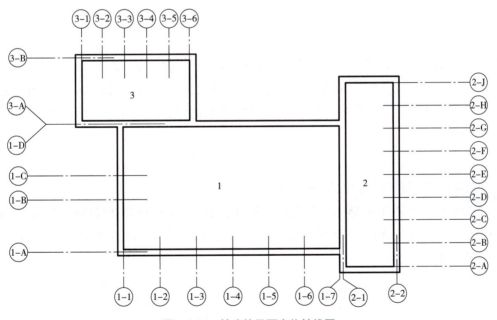

图 1-3-16　某建筑平面定位轴线图

要求：

(1) 绘制图框，并按要求填写标题栏；

(2) 注意线条的类型及等级；

(3) 完成墨线图。

任务 1-4 分析与绘制平面几何图形

🍃 工作任务

如图 1-4-1 所示,将由直线段、曲线段、圆及圆弧共同组成的平面几何形体,自定比例抄绘到 A3 图纸上,并写出分析步骤。

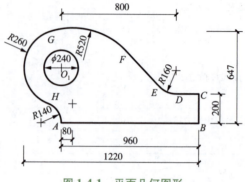

图 1-4-1 平面几何图形

🍃 知识准备

1. 圆弧连接

绘制平面图形时,经常需要用圆弧将两条直线、一个圆弧与一条直线或两个圆弧光滑地连接起来,这种连接作图称为圆弧连接,用来连接已知直线或已知圆弧的圆弧称为连接圆弧。为了能准确连接,作图时必须先求出连接圆弧的圆心,再找到连接点(切点),最后作出连接圆弧。

1)用圆弧连接两直线

用半径为 R 的圆弧连接直线 AB 和 CD,做法如下:

先分别作与已知直线 AB 和 CD 相距为 R 的平行线,交点 O 即连接圆弧的圆心;再自 O 点分别向已知直线 AB 和 CD 作垂线;以 O 点为圆心、R 为半径作圆弧,连接两直线,如图 1-4-2 所示。

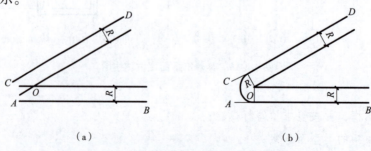

图 1-4-2 用半径为 R 的圆弧连接两直线

2) 用圆弧连接一条直线与一个圆弧

已知连接圆弧的半径 R、被连接的圆弧圆心 O_1、半径 R_1 及直线 AB，求作连接圆弧。做法如下：

(1) 与圆弧外切

先作与已知直线 AB 相距为 R 的平行线和以 O_1 为圆心、$R+R_1$ 为半径的圆弧，两者交于 O 点，O 即连接弧的圆心；再过 O 点作直线 AB 的垂线，垂足为 M；连接 OO_1 并交圆于 N 点；以 O 为圆心、R 为半径，过 M、N 点作弧，如图 1-4-3 所示。

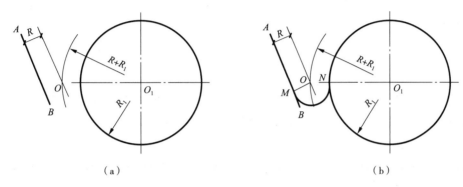

图 1-4-3 用半径为 R 的圆弧外切直线和圆弧

(2) 与圆弧内切

作与已知直线 AB 相距为 R 的平行线和以 O_1 为圆心、$R-R_1$ 为半径的圆弧，两者交于 O 点，O 即连接弧的圆心；过 O 点作直线 AB 的垂线，垂足为 M，连接 OO_1 并延长交圆于 N 点，以 O 为圆心、R 为半径，过 M、N 点作弧，如图 1-4-4 所示。

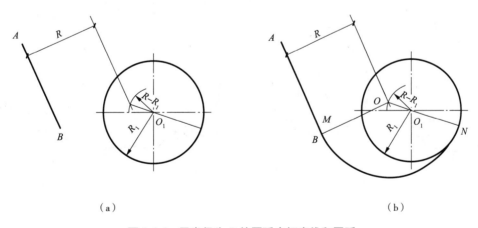

图 1-4-4 用半径为 R 的圆弧内切直线和圆弧

3) 用圆弧连接两个圆弧

(1) 与两个圆弧外切

给定连接圆弧半径为 R，被连接的两个圆弧的圆心分别为 O_1、O_2，半径为 R_1、R_2，做外切弧连接两给定圆弧的做法如下：分别以 O_1、O_2 为圆心，$R+R_1$、$R+R_2$ 为半径作圆

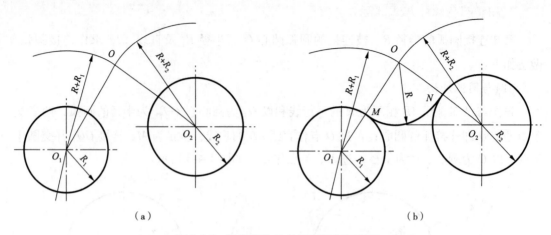

图 1-4-5 用半径为 R 的圆弧外切两圆弧

弧，两圆弧交于 O 点，O 即连接弧的圆心；再分别连接 OO_1、OO_2 交两圆于 M、N 两点；以 O 为圆心、R 为半径，过 M、N 作弧，如图 1-4-5 所示。

（2）与两个圆弧内切

给定连接圆弧的半径为 R，被连接的两个圆弧圆心分别为 O_1、O_2，半径为 R_1、R_2，圆弧内切另外两圆弧的做法如下：分别以 O_1、O_2 为圆心，$R-R_1$、$R-R_2$ 为半径作圆弧，两圆弧交于 O 点，O 即连接弧的圆心；分别连接 OO_1、OO_2 并延长交两圆于 M、N 两点，以 O 为圆心、R 为半径，过 M、N 作弧，如图 1-4-6 所示。

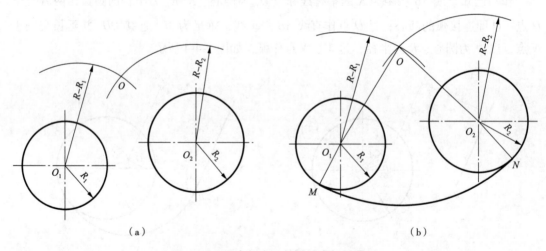

图 1-4-6 用半径为 R 的圆弧内切两圆弧

2. 等分线段

等分线段就是将一已知线段分成需要的份数。

若该线段能被等分数整除，可直接用三角板将其等分。如果不能整除则可采用作辅助线的方法等分。

图 1-4-7 所示为用辅助线法将 AB 线段九等分。

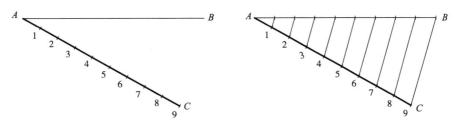

图 1-4-7　辅助线法将 AB 线段等分成 9 段

3. 等分圆周

将一圆分成所需要的份数即等分圆周。作图时可以使用三角板、丁字尺，也可用圆规等分。

较常用的有三等分、六等分、十二等分、五等分圆周。

1）三等分圆周

做法如图 1-4-8 所示。

2）六等分圆周

做法如图 1-4-9、图 1-4-10 所示。

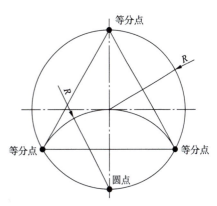

图 1-4-8　用圆规将圆周三等分

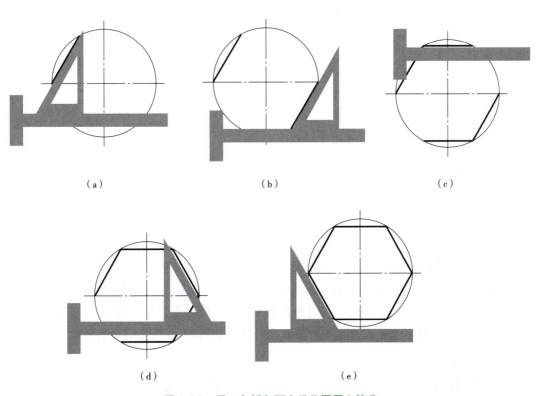

图 1-4-9　用三角板和丁字尺将圆周六等分

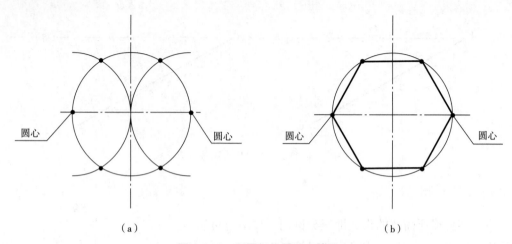

图 1-4-10 用圆规将圆周六等分

3）十二等分圆周

当需要在圆上找较多的等分点时，会用到此方法，如图 1-4-11 所示。

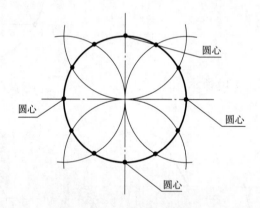

图 1-4-11 用圆规将圆周等分

4）五等分圆周

做法如图 1-4-12 所示。

4. 椭圆画法

1）同心圆法

已知椭圆长轴 AB、短轴 CD 和中心点 O，以 O 为圆心，以 OA 和 OC 为半径，作出两个同心圆；过中心 O 作等分圆周的辐射线（图中作了 12 条线）；过辐射线与大圆的交点向内画竖直线，过辐射线与小圆的交点向外画水平线，则竖直线与水平线的交点即椭圆上的点；用曲线板将上述各点依次光滑地连接起来，即得如图 1-4-13 所示的椭圆。

2）四心圆法

已知椭圆长轴 AB、短轴 CD 和中心 O，连接 AC，以 O 为圆心，以 OA 为半径画圆弧交 OC 于 E 点，以 C 为圆心，以 CE 为半径画圆弧交 AC 于 F 点，做 AF 中垂线交 OA 于 O_2

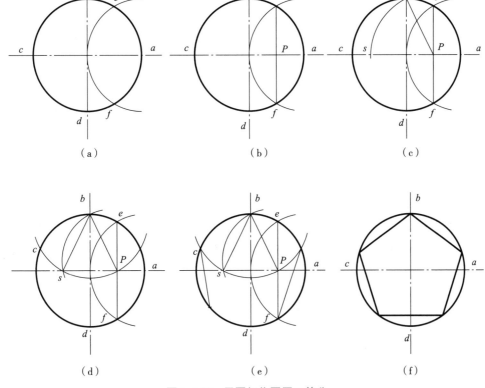

图 1-4-12 用圆规将圆周五等分

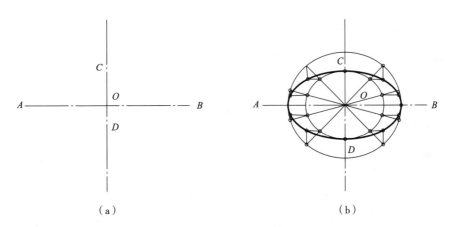

图 1-4-13 同心圆法画椭圆

点，交 OD 于 O_1 点，分别做 O_1 和 O_2 的对称点 O_4 和 O_3，O_1、O_2、O_3、O_4 即 4 段圆弧的 4 个圆心；将 4 个圆心点两两相连，得出 4 条连心线；以 O_1O_4 为圆心，O_1C、O_4D 为半径画圆弧 GH 和 IJ；以 O_2、O_3 为圆心，O_2A、O_3B 为半径画圆弧 GI 和 HJ，两段圆弧的 4 个端点分别落在 4 条连心线上，所得的椭圆如图 1-4-14 所示。

这是个近似的椭圆，它由 4 段圆弧组成，G、H、I、J 为 4 段圆弧的连接点。

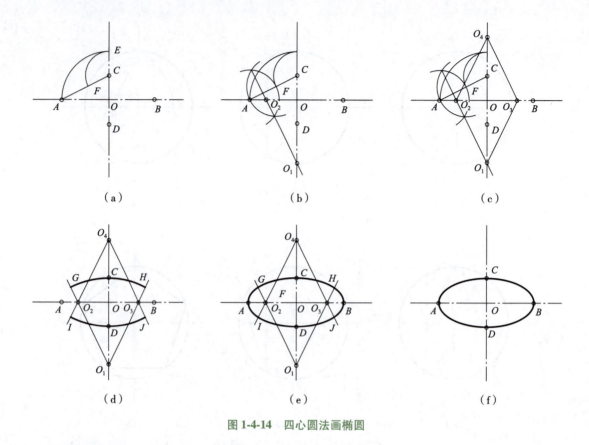

图 1-4-14　四心圆法画椭圆

任务实施

1. 任务分析

图 1-4-1 所示平面图形由直线和曲线段共同构成，且各曲线段之间光滑连接，因此需掌握圆弧连接的基本绘图技能。在绘制平面图形前，要对图形各线段进行分析，明确每一段的形状、大小和相对位置，从而了解图形的组成、大小，便于进行图面布局；确定哪些线段可以直接画出，哪些线段要根据已知的几何条件作图。

2. 具体实施

1）图纸总体布局

①根据图形的尺寸以及所用的比例，选择合适的图幅。

②打底稿，用 H 型、HB 型铅笔，按照选定的图幅要求，用轻细实线画好图纸幅面线、图框线、图纸标题栏。

③大致计算一下，留出尺寸线的标注位置，将图大致布置在图纸中部。

2）具体绘制

(1) 画基准线

在平面图形中，通常以图形的主轴线、对称线、中心线及较长的直轮廓边线作为定位尺寸(确定图中各部分线段或图形之间相互位置的尺寸)的基准。根据图示，将直径为 240

的圆的中心线作为左右、上下的尺寸基准,如图 1-4-15(a)所示。

(2)画已经圆弧

图 1-4-1 中直径为 240 的圆和直径为 520 的圆弧既有定形尺寸(半径或直径),又有定位圆心,可以以 O_1 为圆心作圆,如图 1-4-15(a)所示。

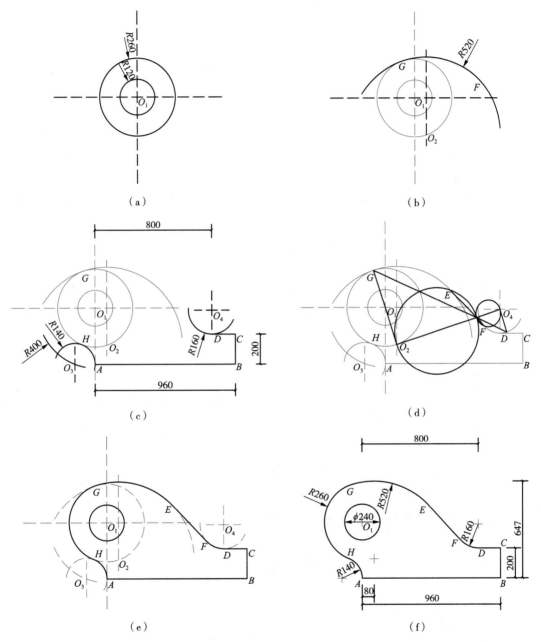

图 1-4-15 平面图形的分析及连接作图

(3)画半径为 520 的圆弧

图 1-4-1 中半径为 520 的圆弧,具有定形尺寸半径 520,但圆心只知道在距 A 点为 80 的一条竖直线上。在距 O_1 点为 80 处作竖直线与半径为 260 的圆弧相交于 O_2 点,连接

O_2O_1 并反向延长相交半径为 260 的圆弧于 G 点，以 O_2 为圆心、O_2G 为半径画半径为 520 的圆弧，如图 1-4-15(b) 所示。

(4) 画半径为 140 的圆弧

以 O_1 为圆心、画半径为 400(260+140) 的圆弧，作距 O 点为 140 的竖直线，圆弧与直线交点为 O_3；连接 O_3O_1 与半径为 260 的圆弧相交于 H，以 O_3 为圆心、画半径为 140 的圆弧与中心线相切，交点为 A。

(5) 画直线

按图 1-4-1 所示，以 A 点为基础，依次作出长度为 960 的直线 AB、高度为 200 的直线 BC 和未知长度的直线 CD，如图 1-4-15(c) 所示。

(6) 画半径为 160 的圆弧

作距 CD 为 160 的平行线，作距中心线为 800 的平行线，两线交点为 O_4，过 O_4 向下作垂直线交 CD 于 D 点，以 O_4 为圆心作半径为 160 的圆弧，如图 1-4-15(c) 所示。

(7) 画连接线 EF

连接 O_2O_4，并分别过两圆心作垂直于 O_2O_4 的半径，两个半径的端点连接，与 O_2O_4 相交于一点，以交点为分界点，分别至两个圆的圆心距离为直径，作两个辅助圆，分别交于 E 点和 F 点，连接 EF，如图 1-4-15(d) 所示。

3) 上墨线与标注尺寸

光滑地连接各圆弧，完成全图，检查描深图线，完成全图线稿，如图 1-4-15(e) 所示；标注尺寸和图名，擦除铅笔线稿，完成全图，如图 1-4-15(f) 所示。清洁与整理工具，并将绘制的图纸与规范进行核对，检查是否有误。

考核评价

评价维度	评价标准	分值	自我评价（25%）	同学互评（25%）	教师评价（50%）	得分
知识性	绘图步骤正确、标注正确	20				
	对线段连接的逻辑性理解透彻	20				
规范性	图纸固定、标题栏注写等规范	15				
	线型等级分明、字体符合规范	15				
工匠精神	图面整洁美观	10				
	具备绘图员岗位人员精益求精的意识	10				
增值评价	对几何作图认识深刻，具备举一反三的能力	10				
	总分	100				

巩固训练

绘制图 1-4-16 所示某景观工程平面图形。

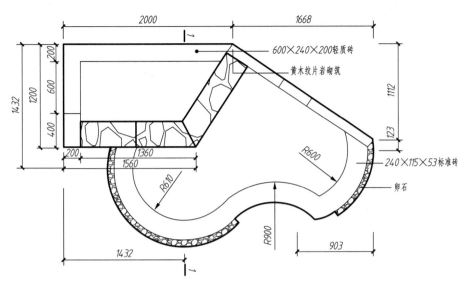

图 1-4-16 某景观工程平面图形

要求：

(1) 用 A3 图纸绘制；

(2) 图纸中各项符号和图例绘制正确，字体规范；

(3) 完成墨线图。

项目 2　形体投影图的识读与绘制

学习目标

【知识目标】
1. 了解投影的基本知识，理解正投影的形成及概念；
2. 掌握正投影的基本规律和特性；
3. 理解剖面图和断面图的形成及概念；
4. 掌握剖面图和断面图的类型、标注方法及绘制方法。

【技能目标】
1. 会识读并正确绘制基本形体的三面投影，会对基本形体进行尺寸标注；
2. 会迅速进行三维空间和二维空间的转换；
3. 会识读并根据制图规范正确绘制形体的剖面图、断面图。

【素质目标】
1. 培养较强的空间想象力和抽象思维能力；
2. 培养规范及标准意识、安全意识、质量意识、信息素养及创新精神；
3. 培养较强的集体意识和团队合作精神，能够进行有效的人际沟通和协作；
4. 具备耐心细致的工作作风和严谨的工作态度；
5. 具备爱岗敬业和精益求精的工匠精神。

任务 2-1　识读与绘制形体平、立面图

工作任务

根据图 2-1-1(a)，绘制如图 2-1-1(b)所示的弦曲园花池三面投影并进行尺寸标注。

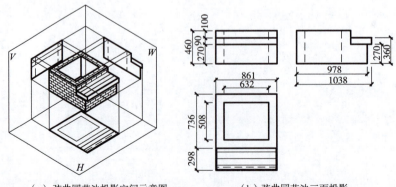

(a) 弦曲园花池投影空间示意图　　　(b) 弦曲园花池三面投影

图 2-1-1　弦曲园花池三面投影的绘制

知识准备

1. 投影基础知识

1) 投影的产生

一个不透光的物体，在光源的照射下，会在某一个面上形成影子，这种物理现象就是投影。投影的产生有三个要素，即光线（投影线）、实物（被投射物体）和投影面，如图 2-1-2 所示。

2) 投影的种类

（1）中心投影

当投影中心与投影面距离有限时，可视为投影线都是由一个点发出的，这种投影称为中心投影，如图 2-1-3（a）所示。中心投影法得到的投影一般不反映物体的真实大小，所以不作为园林图样的绘制方法。

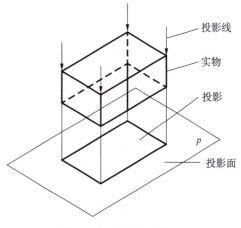

图 2-1-2　投影的形成

（2）平行投影

当投影中心与投影面距离无限远时，可视为投射线都是相互平行的，这种投影称为平行投影。平行投影又分斜投影和正投影。

①斜投影　投影线倾斜于投影面作出的投影称为斜投影，如图 2-1-3（b）所示。斜投影的投影线与物体有一定的夹角，斜投影产生的图样会产生一定的变形，因此不能作为形体图样的绘制方法，但是斜投影能反映物体的 3 个维度，具有较好的立体感，可以用于绘制效果图。

②正投影　投影线垂直于投影面作出的投影称为正投影，如图 2-1-3（c）所示。正投影能反映物体的真实形状和大小，具有度量性，所以形体图样一般以正投影作为制图法则。

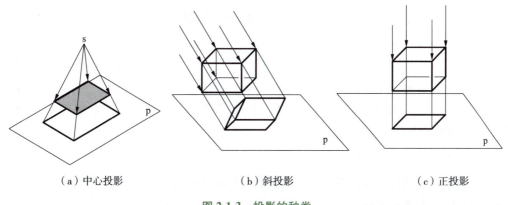

（a）中心投影　　　　（b）斜投影　　　　（c）正投影

图 2-1-3　投影的种类

2. 三面投影与形体图样

绘制形体图样的目的是确切地表达园林各要素的具体形状和真实大小。但在绘制过程中会发现，依据一个正面投影不能够确定其空间的真实形状。不同形状的形体，可能在同一个投影面上的投影完全相同，说明仅根据一个投影是不能完整地表达形体的形状和大小的，如图 2-1-4 所示。此时就需要对物体的 3 个面分别进行投影，反映形体长、宽、高 3 个方向上的特征，这样形成的投影图称为三面正投影。实际的形体图样多是采用三面正投影的方法绘制的。

1) 三面投影体系的建立

三面投影是指由三个相互垂直的投影面形成的投影体系。如图 2-1-5 所示，将物体放置在三面投影体系中，并使物体主要表面平行于投影面，然后采用正投影法分别对物体的前面、顶面和左面进行投影，即得到三面投影图，它们分别为 V 面投影、H 面投影和 W 面投影。

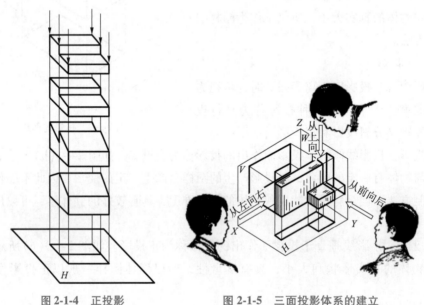

图 2-1-4　正投影　　　　图 2-1-5　三面投影体系的建立

①V 面投影　又称正面投影或主视图，是由前向后投射时物体在 V 面（正投影面）所形成的投影图。

②H 面投影　又称水平投影或俯视图，是由上向下进行投射时物体在 H 面（水平投影面）所形成的投影图。

③W 面投影　又称侧面投影或左视图，是由左向右进行投射时物体在 W 面（侧投影面）所形成的投影图。

2) 三面投影的规律

从三视图的形成过程可以看出，正面投影反映物体的长度和高度，水平投影反映物体的长度和宽度，侧面投影反映物体的高度和宽度，如图 2-1-6 所示。

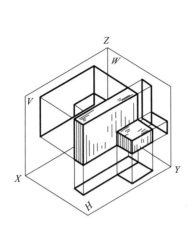
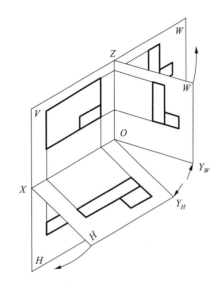

(a) 在三面投影面体系中的三面投影图　　　　(b) 三面投影体系按照一定的方式展开

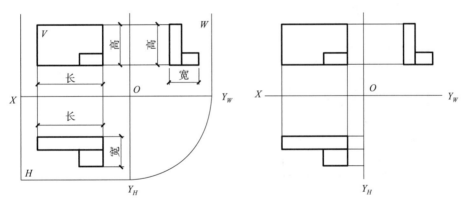

(c) 三面投影的"三等"关系　　　　　　　　　(d) 三面投影图

图 2-1-6　三面投影图的规律

注意：无论是整个物体还是物体的局部，其三面投影都必须符合"长对正、高平齐、宽相等"的"三等"关系，在绘制三面投影图时都要遵循和应用这一投影规律。

3. 点、线、面在三面投影体系中的投影规律

点能连成线、线可围成面、面能构成体，在绘制物体的三视图时，就是把组成物体的点、线、面均按照正投影的"三等"关系绘制并集合而成。由此可知，只要清楚点、线、面的投影规律，就能绘制任何物体的三视图。

1) 点的三面投影规律

点的投影仍是点。将空间任意点用大写字母表示，点的投影用小写字母表示。如空间点 A，其正面投影为 a'、侧面投影为 a''、水平投影为 a，如图 2-1-7 所示。

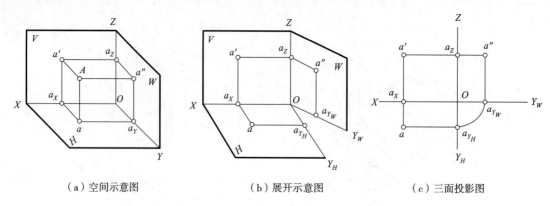

(a)空间示意图　　　　(b)展开示意图　　　　(c)三面投影图

图 2-1-7　点的三面正投影及其投影规律

点的坐标能反映出点在三面投影体系中的空间位置。点的坐标表示方法为(X，Y，Z)，如 $A(10,5,20)$，即为空间点 A 的坐标，它反映出空间点 A 在三面投影体系中的空间位置为：距离 W 面 10，距离 V 面 5，距离 H 面 20。

结合空间点在三面投影体系中的立体图及点的三面投影图，对点的坐标中的 x、y、z 及各个投影图中反映的坐标值总结如下（图 2-1-8）。

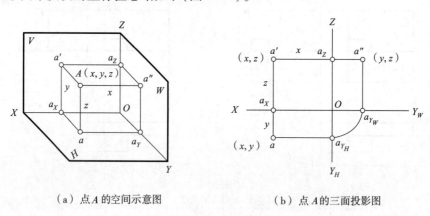

(a)点 A 的空间示意图　　　　(b)点 A 的三面投影图

图 2-1-8　点的投影

(1) 坐标的定义

①空间点 A 到 W 面的距离 $x = Aa'' = aa_Y = a'a_Z = a_XO$。

②空间点 A 到 V 面的距离 $y = Aa' = aa_X = a''a_Z = a_YO$。

③空间点 A 到 H 面的距离 $z = Aa = a'a_X = a''a_Y = a_ZO$。

注意：O 点为坐标原点，坐标为 $(0,0,0)$。正面投影 a' 在 V 面的坐标为 $a'(x,z)$，反映长度 x，高度 z；水平投影 a 在 H 面的坐标为 $a(x,y)$，反映长度 x，宽度 y；侧面投影 a'' 在 W 面的坐标为 $a''(y,z)$，反映宽度 y，高度 z。

(2) 空间点、特殊位置点的坐标

依据点在三面投影体系中的位置不同，可把点分为空间点及 3 种特殊位置点，如图 2-1-9 所示。

①空间点　远离坐标轴和投影面，3 个坐标值均不为 0，如 $A(20,10,25)$。

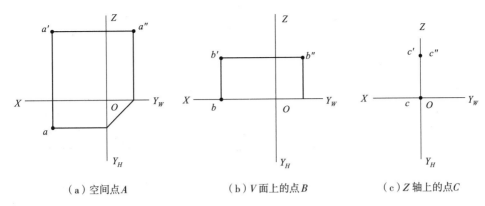

(a) 空间点 A　　　(b) V 面上的点 B　　　(c) Z 轴上的点 C

图 2-1-9　空间点、特殊位置点的投影

②投影面上的点　点在投影面上，有一个坐标值为 0，如 $B(20, 0, 15)$ 为 V 面上的点（y 值为 0，表示点到 V 面的距离为 0）。

③坐标轴上的点　点在坐标轴上，有两个坐标值为 0，有一个坐标值不为 0，如 $C(0, 0, 15)$ 为 Z 轴上的点。

④坐标原点　为 3 个坐标轴的交点，3 个坐标值均为 0。

2) 直线的三面投影规律

直线按其在三面投影体系中的空间位置不同，可分成 3 类：一般位置直线、投影面平行线、投影面垂直线。

(1) 一般位置直线投影规律

一般位置直线既不平行也不垂直于任何一个投影面，它在 3 个投影面的投影均为直线，且长度缩短，各投影均不反映其实际长度，如图 2-1-10 所示。

(2) 投影面平行线投影规律

投影面平行线在其所平行的投影面内的投影反映直线的实长，同时反映直线与另外两个投影面的倾斜角；其他两个面的投影缩短，分别平行于相应的投影轴，见表 2-1-1 所列。

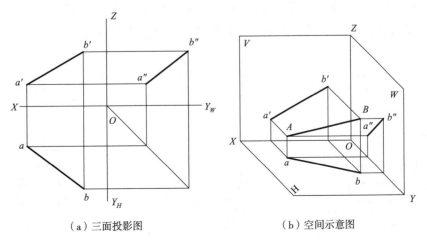

(a) 三面投影图　　　(b) 空间示意图

图 2-1-10　一般位置直线的投影

表 2-1-1 投影面平行线投影规律

名称	水平线	正平线	侧平线
空间位置及直观图	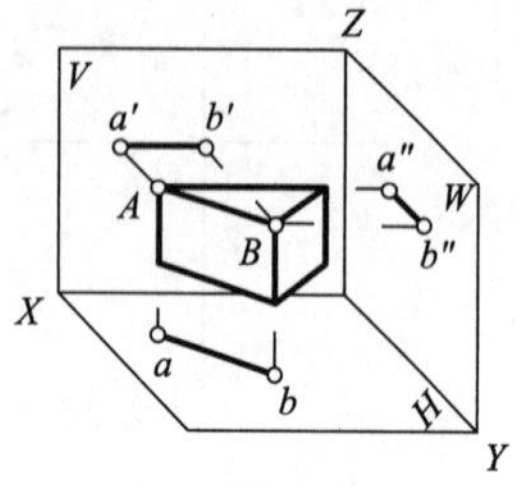	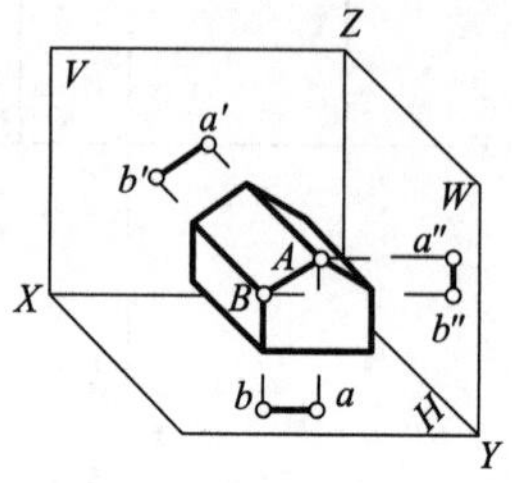	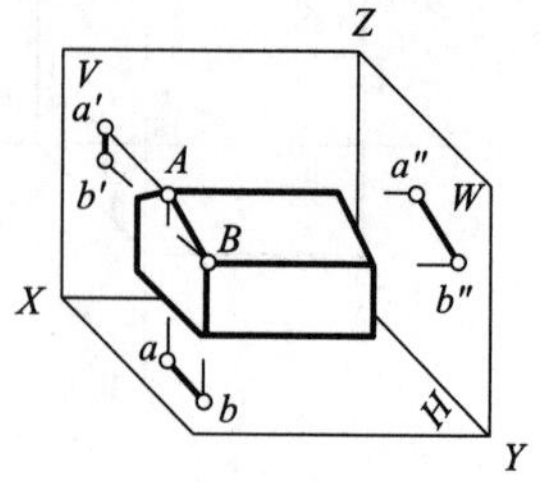
投影图	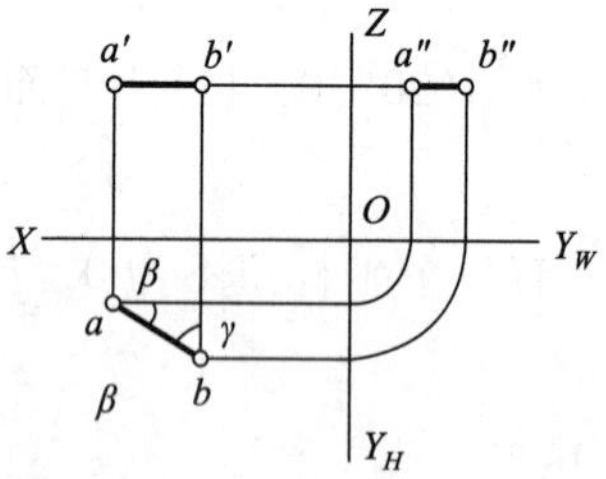	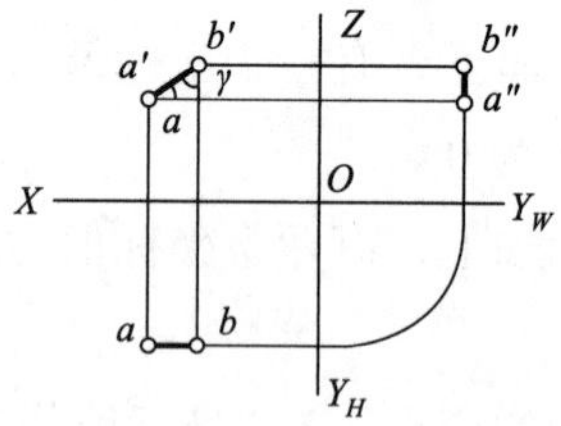	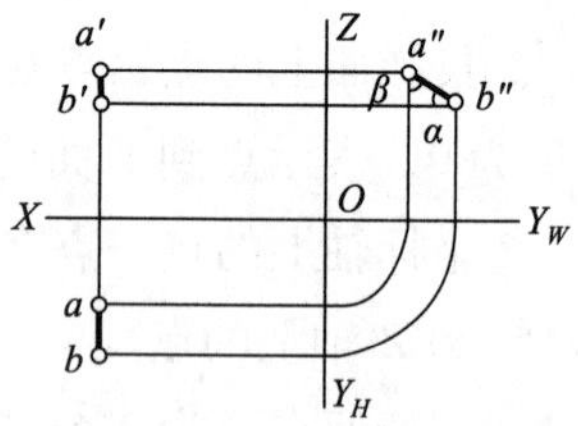
投影特性	(1)水平投影反映实长,反映与V面、W面的倾斜角β、γ (2)正面投影比实长短,平行于OX轴 (3)侧面投影比实长短,平行于OY_W轴	(1)正面投影反映实长,反映与H面、W面的倾斜角α、γ (2)水平投影比实长短,平行于OX轴 (3)侧面投影比实长短,平行于OZ轴	(1)侧面投影反映实长,反映与H面、V面的倾斜角α、β (2)水平投影比实长短,平行于OY_H轴 (3)正面投影比实长短,平行于OZ轴

(3)投影面垂直线投影规律

投影面的垂直线在其所垂直的投影面内的投影积聚为一点(称为积聚性);其他两个面的投影均反映直线的实长,并分别垂直于相应的投影轴,见表 2-1-2 所列。

表 2-1-2 投影面垂直线投影规律

名称	铅垂线	正垂线	侧垂线
空间位置及直观图	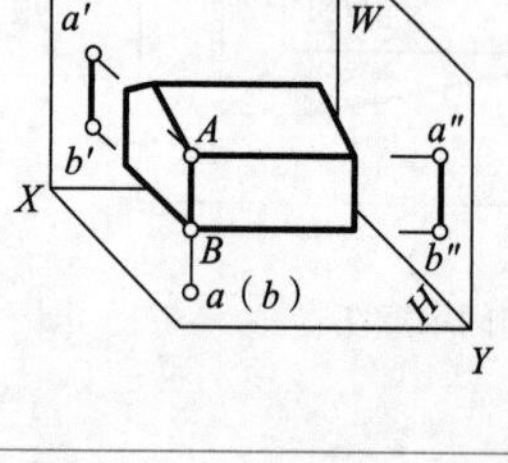	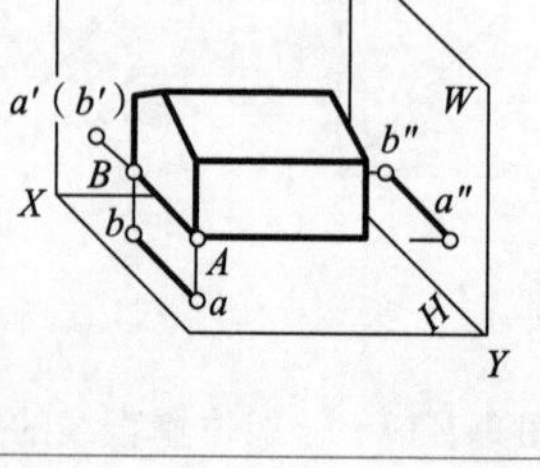	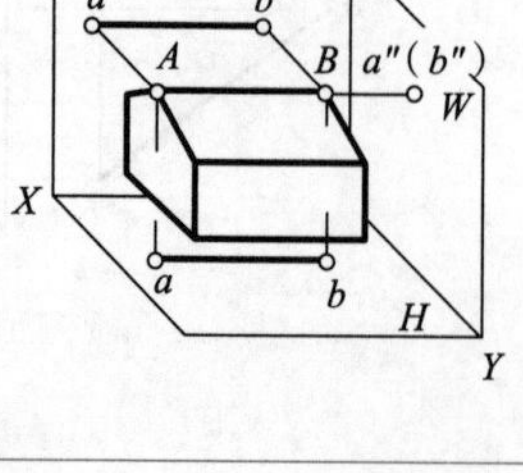

(续)

名称	铅垂线	正垂线	侧垂线
投影图			
投影特性	(1) 水平投影积聚为一点 (2) 正面投影反映实长，并垂直于 OX 轴 (3) 侧面投影反映实长，并垂直于 OY_W 轴	(1) 正面投影积聚为一点 (2) 水平投影反映实长，并垂直于 OX 轴 (3) 侧面投影反映实长，并垂直于 OZ 轴	(1) 侧面投影积聚为一点 (2) 水平投影反映实长，并垂直于 OY_H 轴 (3) 正面投影反映实长，并垂直于 OZ 轴

3) 面的三面投影规律

根据平面与投影面相对位置的不同，平面可以分为一般位置平面和特殊位置平面。一般位置平面的投影不能反映被投影平面的形状和长度，本书只讨论特殊位置平面投影规律。特殊位置平面分为投影面平行面和投影面垂直面。

(1) 投影面平行面投影规律

投影面平行面在与其平行的投影面内的投影反映实形；在其他两个投影面的投影积聚为一条直线，并分别平行于相应的投影轴，见表 2-1-3 所列。

表 2-1-3　投影面平行面投影规律

名称	水平面	正平面	侧平面
空间位置及直观图			
投影图			

(续)

名称	水平面	正平面	侧平面
投影特性	(1)水平投影反映实形 (2)正面投影积聚为一条直线，并平行于 OX 轴 (3)侧面投影积聚为一条直线，并平行于 OY_W 轴	(1)正面投影反映实形 (2)水平投影积聚为一条直线，并平行于 OX 轴 (3)侧面投影积聚为一条直线，并平行于 OZ 轴	(1)侧面投影反映实形 (2)水平投影积聚为一条直线，并平行于 OY_H 轴 (3)正面投影积聚为一条直线，并平行于 OZ 轴

(2)投影面垂直面投影规律

投影面垂直面在与其垂直的投影面内的投影积聚为一条直线，这个积聚投影与投影轴的夹角反映该平面与对应投影面的夹角；在其他两个投影面的投影均不反映实形，但与原几何形状相仿，见表 2-1-4 所列。

表 2-1-4 投影面垂直面投影规律

名称	铅垂面	正垂面	侧垂面
空间位置及直观图			
投影图			
投影特性	(1)水平投影积聚为一条直线，并反映其与 V 面、W 面的倾斜角 β、γ (2)正面投影与侧面投影均反映原几何形状，但比实形面积小	(1)正面投影积聚为一条直线，并反映其与 H 面、W 面的倾斜角 α、γ (2)水平投影与侧面投影均反映原几何形状，但比实形面积小	(1)侧面投影积聚为一条直线，并反映其与 H 面、V 面的倾斜角 α、β (2)水平投影与正面投影均反映原几何形状，但比实形面积小

4) 平面和直线的投影特点

(1) 实形性

直线或平面平行于投影面时,投影反映实际形状和大小。

(2) 积聚性

直线或平面垂直于投影面时,投影积聚成一点或一条线。

(3) 类似性

直线或平面倾斜于投影面时,投影为类似形状。

4. 形体的构成与投影

园林基本体是指由面围合而成占据一定三维立体空间的形体。形体包括基本形体和组合体。基本形体又称为几何体,按其表面性质可分为平面体和曲面体两类。

1) 基本形体

(1) 平面体投影规律

由若干个平面围成的几何体称为平面体。构成平面体的各个平面称为面,各个面的交线称为棱线。常见的平面体有棱柱体(图 2-1-11)和棱锥体(图 2-1-12)。

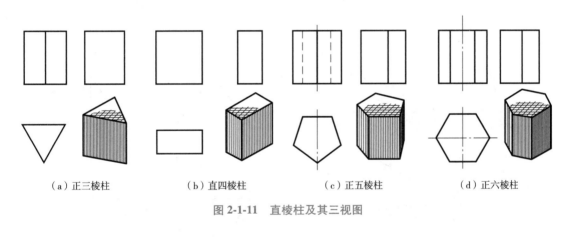

(a) 正三棱柱　　(b) 直四棱柱　　(c) 正五棱柱　　(d) 正六棱柱

图 2-1-11　直棱柱及其三视图

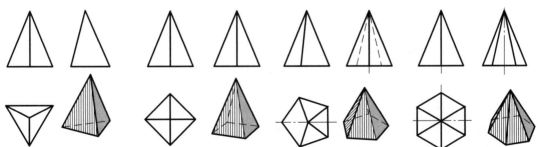

(a) 正三棱锥　　(b) 直四棱锥　　(c) 正五棱锥　　(d) 正六棱锥

图 2-1-12　棱锥及其三视图

①长方体的三面投影 长方体由 6 个平面和 12 条棱线组成。前后两个面与 V 面平行，左右两个面与 W 面平行，上下两个面与 H 面平行，如图 2-1-13 所示。

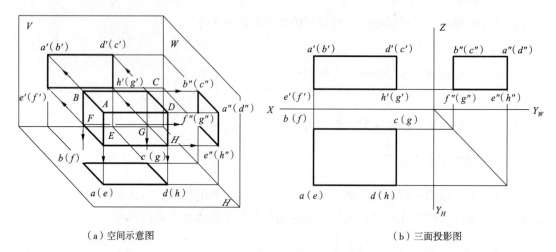

（a）空间示意图　　　　　　　　　　　　　（b）三面投影图

图 2-1-13　长方体的三面正投影

②六棱锥的三面投影 六棱锥由 7 个平面和 12 条棱线组成。底面与 H 面平行，前后两个侧面与 W 面垂直，如图 2-1-14 所示。

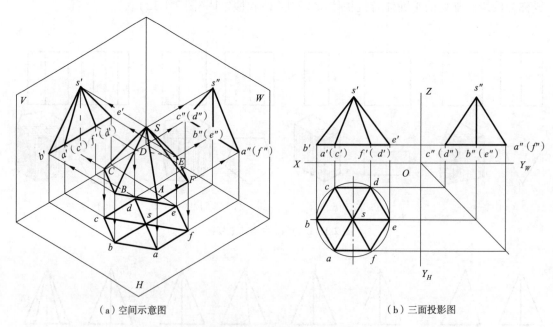

（a）空间示意图　　　　　　　　　　　　　（b）三面投影图

图 2-1-14　六棱锥的三面投影

（2）曲面体投影规律

由曲面或曲面加平面构成的几何体称为曲面体。曲面体由直线或曲线围绕轴线旋转而成。常见的曲面体有圆柱、圆锥、球等，如图 2-1-15 所示。

①圆柱的三面投影 圆柱是由一个矩形绕着它的一边旋转 360°所形成的封闭曲面体。旋转轴是圆柱的轴线，圆柱面的边线是圆柱的母线，母线在旋转过程中位于圆柱曲面上的

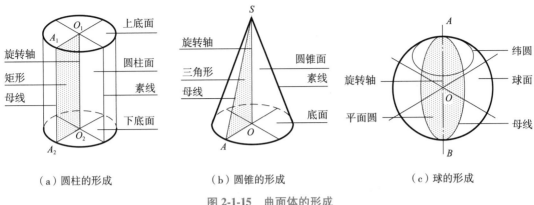

(a) 圆柱的形成　　　　(b) 圆锥的形成　　　　(c) 球的形成

图 2-1-15　曲面体的形成

任何一个位置时称为圆柱面的素线。圆柱面上最左和最右两端素线的投影与上下底面圆的正面投影(均为直线)共同构成圆柱的正面投影，圆柱面最前和最后两端素线与上下底面圆的侧面投影(均为直线)共同构成圆柱的侧面投影，上下底面水平投影为圆柱的水平投影，如图 2-1-16 所示。

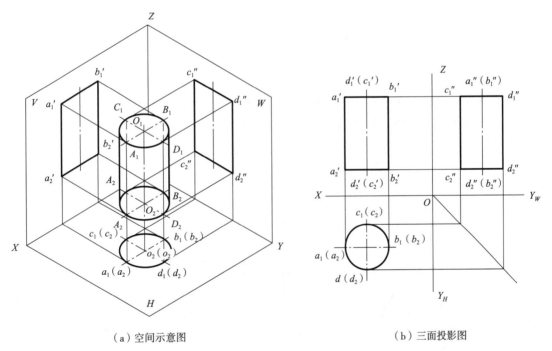

(a) 空间示意图　　　　　　　　　　(b) 三面投影图

图 2-1-16　圆柱的三面投影

②圆锥的三面投影　圆锥是由一个直角三角形绕着其一条直角边旋转 360°所形成的封闭曲面。圆锥左右素线与底面圆的正面投影共同构成圆锥的正面投影，圆锥前后素线与底面圆的侧面投影共同构成圆锥的侧面投影，圆锥底面圆的投影为水平投影，如图 2-1-17 所示。

③圆锥表面点的投影　与圆锥底面平行的平面切割所得的圆锥表面的交线圆称为纬圆。圆锥曲面可看成由无数个纬圆构成，这些纬圆由锥底向锥顶依次排列、逐渐变小。圆锥表面点可以用素线法和纬圆法求得。

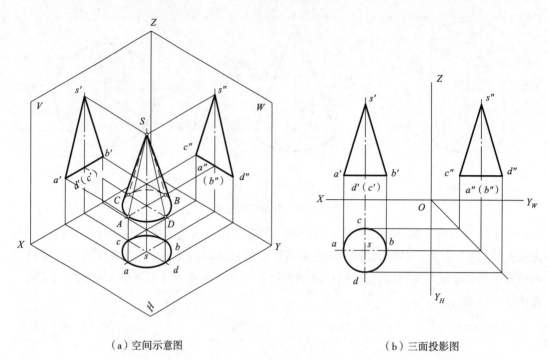

（a）空间示意图　　　　　　　　　　　　（b）三面投影图

图 2-1-17　圆锥的三面投影

a. 素线法

【例 2-1-1】　如图 2-1-18 所示，已知圆锥面上点 A 的 V 面投影 a'，求点 A 的另外两面投影。

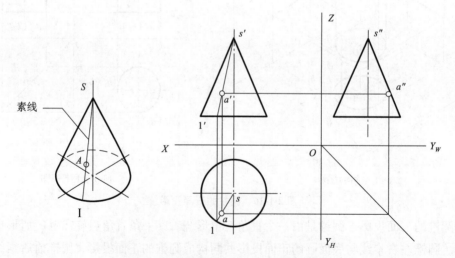

图 2-1-18　用素线法求圆锥表面点的投影

作图步骤：

①作素线 $S\mathrm{I}$ 正面投影：在 V 面上，连接已知点 a' 与锥顶 S'，并延长与底边交于 $1'$ 点。

②求素线 SⅠ水平投影：从 1′ 出发，利用投影规律，作垂直线与圆锥底面水平投影外圆周相交于两个交点，由于 a′ 可见，取前面的交点得点 1，连接 1 与锥顶 S 可得素线 SⅠ水平投影。

③求点 a：从 a′ 出发、作 OX 垂线与 SⅠ相交，交点即所求 a 点。

④求点 a″：由 a、a′ 点，利用"三等"关系，可求得 a″点。

b. 纬圆法

【例 2-1-2】如图 2-1-19 所示，已经圆锥面上点 B 的 V 面投影 b′，用纬圆法求点 B 的另外两面投影。

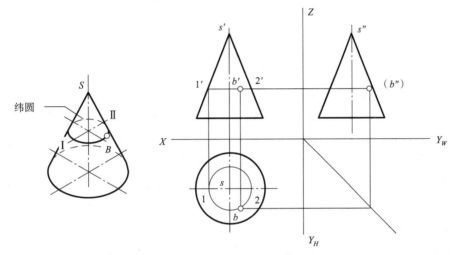

图 2-1-19　用纬圆法求圆锥表面点的投影

作图步骤：

①在 V 面上过已知点 b′ 作底边平行线，交圆锥最左及最右素线于 1′ 与 2′，水平直线 1′2′ 的长度为所作纬圆的直径，过 1′ 与 2′ 作竖直线求得 1′ 与 2′ 在 H 面上的水平投影 1、2。

②在 H 面上作纬圆的水平投影：以 s 点为圆心，以 s1 为半径作纬圆，即得辅助圆。

③求点 b：由于 b′ 可见，从 b′ 出发，作竖直线，与 H 面上纬圆投影右下圆弧相交，交点即所求 b 点。

④求点 b″：由 b、b′ 点，利用"三等"关系，可得 b″点。

④球的三面投影　球是由一个圆绕着它的直径作 360°轴旋转所形成的封闭曲面体。球的三面投影是由 3 个相同大小的圆形组成，分别代表从正前方、侧面和正上方观察球体时的最大纬圆。

以图 2-1-20 所示球体为例：

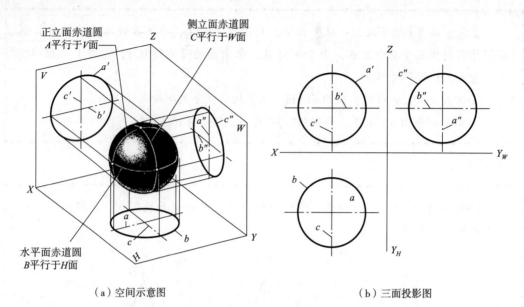

(a) 空间示意图　　　　　　　　　　　(b) 三面投影图

图 2-1-20　球体的三面投影

a. 投影分析　根据球面投影特点，在 3 个投影面上的投影均为投射方向上的赤道圆。赤道圆与投影面平行，因此满足实形性特点，投影为与赤道圆（直径为球体直径）大小一致的圆。如图 2-1-20 所示，水平赤道圆为 B 圆，正立面赤道圆为 A 圆，侧立面赤道圆为 C 圆；3 个赤道圆的其他两面投影都与相应圆的中心线重合，不需要绘制。

b. 作图步骤　先定位，再定形。先在 3 个投影面上各绘制两条垂直相交的点画线，注意交点应满足"三等"关系。再分别在 3 个投影面上以交点为圆心，按照球体的直径大小绘制 3 个圆，完成作图。

⑤球表面点的投影　由于球体表面完全是由曲面围成，可看作由无数大小不同的纬圆排列构成，故表面的点只能用纬圆法求得。

【例 2-1-3】　如图 2-1-21 所示，已知球面上 A 点的水平投影和 B 点的正面投影，求点的另外两面投影。

(1) 作图分析：A 点为球面上的点，要用纬圆法作辅助圆求解（纬圆法）；B 点在正面轮廓圆上，可用线上求点的方法求出。

(2) 作图步骤：

①求 A 点投影：过 a 作水平圆交中心线于 1、2，过 1、2 分别作竖直线交正立面上半圆周于 $1'$、$2'$ 两点，连接 $1'$、$2'$，过 a 点作竖直线交 $1'2'$ 于点 a'；利用"三等"关系求出 a''。

②求 B 点投影：由于 b' 在圆周上，根据圆的投影特性，圆周上的点在中心线上，直接利用"三等"关系在中心线上得到相应投影。

③判断可见性，进行标注：在投射方向上，A 和 B 都是可见点。

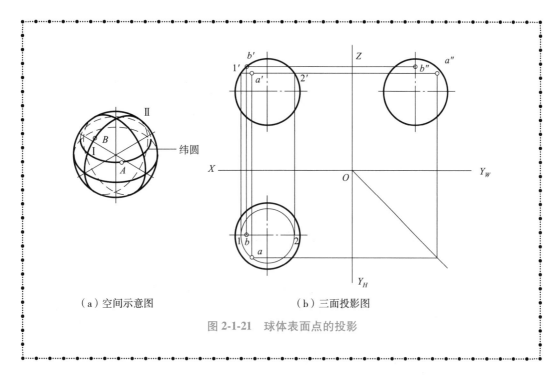

(a)空间示意图　　　　　　　(b)三面投影图

图 2-1-21　球体表面点的投影

2)组合体投影规律

组合体是由两个或两个以上的基本几何体组成的物体。基本几何体包括圆柱、圆锥、球、棱柱和棱锥等。组合体可以是这些基本几何体的简单叠加，也可以部分重叠或相互切割。常见组合体的组合方式有叠加式、切割式和综合式 3 种。

①叠加式　由两个或两个以上的基本形体堆砌或拼合而成，如图 2-1-22(a)所示。

②切割式　由一个基本体挖切掉某些部分而成，如图 2-1-22(b)所示。

③综合式　既有叠加又有切割的组合体，如图 2-1-22(c)所示。

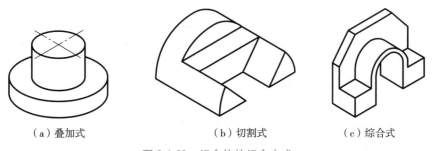

(a)叠加式　　　　　(b)切割式　　　　　(c)综合式

图 2-1-22　组合体的组合方式

【例 2-1-4】　如图 2-1-23 所示，绘制景墙的三面投影图。

①形体分析：该景墙是一个四棱体切去形体Ⅰ、Ⅱ后形成的。

②确定正立面投影的投影方向：根据切割体形状特征，景墙正面方向为正面投影方向。

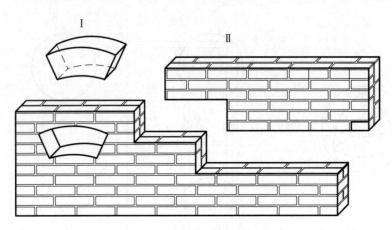

图 2-1-23　景墙立体示意图

③选比例、定图幅、画基准线：选择合适的绘图比例及 A3 标准图纸，合理布局，确定 3 个投影图的位置。即选择切割前四棱体的底面、后面、左面为各个投影图的基准，如图 2-1-24 所示。

④画底稿：画出切割前四棱体的三视图，如图 2-1-24(a) 所示，然后按照切割的过程逐步完善投影图。该景墙左侧高，右侧低，分三级阶梯，左侧墙开一扇窗（切割形体Ⅰ）；当绘制切割形体Ⅱ时，应先绘制其正面投影，再根据Ⅱ的高度绘制侧面投影，确定形体Ⅱ底面的宽度后绘制水平投影，如图 2-1-24(b) 所示。

⑤检查图形，按图线粗细上墨线，完全干燥后清理图面，如图 2-1-24(c) 所示。

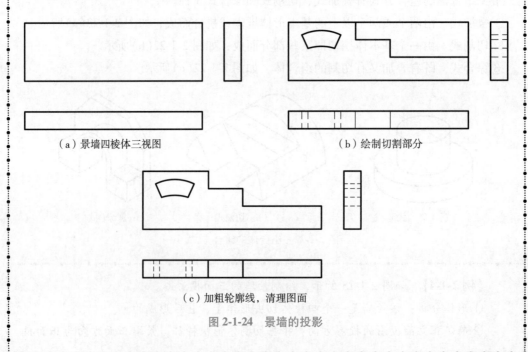

(a) 景墙四棱体三视图　　(b) 绘制切割部分

(c) 加粗轮廓线，清理图面

图 2-1-24　景墙的投影

5. 形体投影尺寸标注

1）基本体尺寸标注

投影图绘制完成后，还要标注必要尺寸才能精准识读。对于基本几何体，完整的尺寸包括形体的长、宽、高 3 个方向的尺寸，圆的内接正多边形，也可以用圆的直径表示。几何体的尺寸标注如图 2-1-25 所示。

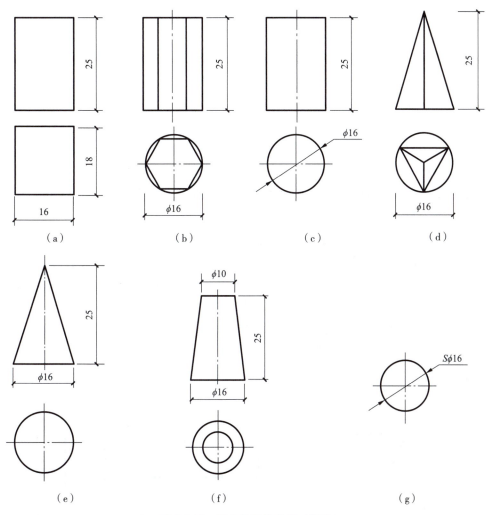

图 2-1-25 基本几何体的尺寸标注

注意事项：

①所有尺寸，必须符合尺寸标注规范。

②正多边形可以仅标注外接圆的直径，如图 2-1-25（b）所示，正六棱柱的水平投影标注直径 $\phi16$，不再单独标注正六边形的长和宽。

③尺寸应标注在反映形体特征的视图上，以减少识图的失误，如图 2-1-25（c）圆柱的直径 $\phi16$ 标注在水平投影圆上，能清晰反映出该尺寸的形状特征，表达清晰；图 2-1-25（e）（f）圆锥及圆台的直径 $\phi16$，标注在正立面图的三角形底边，表达不清晰。

④一个尺寸只标注一次,在三面投影中,每面投影均能反映两个方向的尺寸,如在图 2-1-25(a)中,直四棱柱的水平投影已标注长度值 16,正面投影则无须再重复标注此长度尺寸。

2) 组合体尺寸标注

组合体尺寸标注是确保制造或建造时准确性的内在要求。标注尺寸时,要遵守《风景园林制图标准》(CJJ/T 67—2015)中关于标注的规定,同时还需要满足正确性、完整性和清晰性等要求。

①正确性　标注的尺寸必须符合国家标准中尺寸标注的有关规定,尺寸数值应正确无误。

②完整性　标注的尺寸能完全确定组合体的形状、大小及各部分间的相对位置,无尺寸遗漏和重复标注。

③清晰性　尺寸的布置整齐清晰,便于看图。

【例 2-1-5】　对如图 2-1-24(c)所示景墙三面投影图进行尺寸标注。

①标注定形尺寸:确定构成组合体的各基本体形状及尺寸。如图 2-1-26 中的景墙长 2005、宽 190、高 630;景窗上弧直径 508、下弧直径 338、下弦长 288、上弦长 433、高 172。

②标注定位尺寸:确定各基本体(或孔洞)在组合体中相互位置的尺寸。标注定位尺寸时,必须确定长、宽、高 3 个方向的尺寸基准。尺寸是标注、测量尺寸的基准,一般根据施工的顺序,以形体的对称平面、主要轴线和较大的平面(底面、端面)为主要基准。如图 2-1-26 所示,以景墙的底面作为高度基准、以左侧端面为长度基准、以后侧面为宽度基准,则窗离地面的高度为 370,与景墙左侧的距离为 363。

③标注总体尺寸:如图 2-1-26 中,组合体的总长为 2005、总宽为 190、总高为 630。

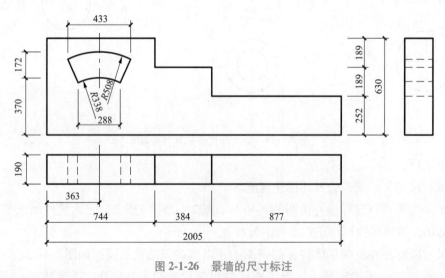

图 2-1-26　景墙的尺寸标注

注意事项：
· 同一基本体的定形和定位尺寸应尽量集中标注在同一个投影图上。
· 尺寸应标注在形状特征明显的投影图上。
· 与两投影图有关的尺寸应尽量标注在两投影图之间。
· 尺寸宜标注在图形之外，细部尺寸可标注在图形之内。
· 互相平行的尺寸按照"小尺寸在内，大尺寸在外"的原则布置。
· 不要在虚线上标尺寸。
· 合理选择尺寸基准，并尽可能统一基准。

6. 组合体投影图的识读

根据已绘制好的空间立体三面投影图，运用正投影的原理和特性，通过分析，想象出立体的空间形状，这一过程称为识图，它是制图的逆过程。

识图注意事项：
①应从反映立体主要特征的面和几何体入手进行分析。
②应将3个投影联系起来分析，不能只考虑其中的一个或两个投影。
③既要细心，又要有耐心，要一个面、一条线、一个点地仔细分析，这样才能读懂全图。
④熟能生巧，要反复进行识图练习，不断积累实践经验，培养自己的空间想象力。

🌿 任务实施

①准备绘图工具，如图 2-1-27(a)所示。
②分析立体图，确定绘图方案。
③合理布局，绘制坐标轴，如图 2-1-27(b)所示。
④绘制水平投影，如图 2-1-27(c)所示。
⑤绘制正面投影，如图 2-1-27(d)所示。
⑥绘制侧面投影，如图 2-1-27(e)所示。
⑦上墨线，墨线完全干燥后清理轴线和图面，如图 2-1-27(f)所示。
⑧标注尺寸，如图 2-1-27(g)所示。
⑨清理图面，填写标题栏，如图 2-1-27(h)所示。

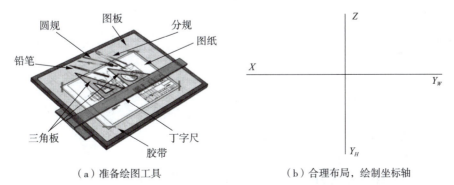

（a）准备绘图工具　　　　　（b）合理布局，绘制坐标轴

图 2-1-27　弦曲园花池三面投影绘制步骤

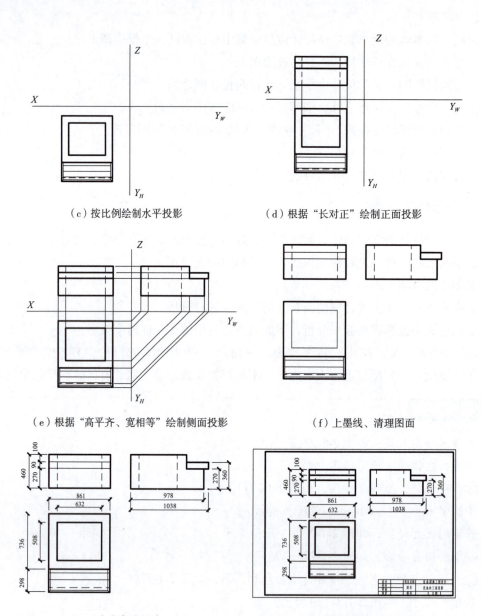

(c)按比例绘制水平投影　　(d)根据"长对正"绘制正面投影

(e)根据"高平齐、宽相等"绘制侧面投影　　(f)上墨线、清理图面

(g)标注尺寸　　(h)清理图面，填写标题栏

图 2-1-27　弦曲园花池三面投影绘制步骤(续)

考核评价

评价维度	评价标准	分值	自我评价（25%）	同学互评（25%）	教师评价（50%）	得分
知识性	绘图步骤正确、标注正确、线形正确	20				
	三面投影规律运用正确	20				

（续）

评价维度	评价标准	分值	自我评价（25%）	同学互评（25%）	教师评价（50%）	得分
规范性	图纸固定、标题栏注写等规范	10				
	标注规范	10				
	线型等级分明、字体符合规范	10				
工匠精神	图面整洁美观	10				
	具备绘图员岗位人员精益求精的意识	10				
增值评价	对三面投影认识深刻，二维与三维空间转换能力强	10				
	总分	100				

巩固训练

绘制图 2-1-28 某组合体三面投影，自定尺寸和比例，对三面投影进行标注。

要求：坚持"长对正、高平齐、宽相等"的原则；图线等级分明、标注规范；图纸清洁。

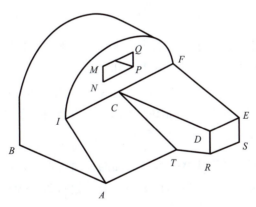

图 2-1-28　某组合体直观图

任务 2-2　识读与绘制形体剖面图和断面图

工作任务

自定比例尺，在 A3 图纸上绘制如图 2-2-1 所示的弦曲园花池、景墙施工设计图。

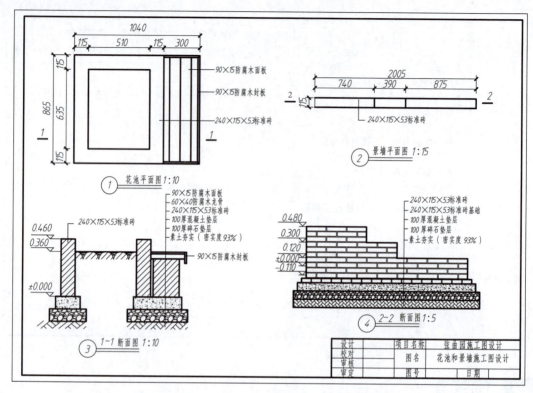

图 2-2-1　花池、景墙施工设计图

知识准备

1. 剖面图

在工程投影图中，用实线表示可见轮廓，虚线表示不可见轮廓。如果形体内部构造复杂，其投影图中将出现很多虚线，会出现虚线和实线重合、交叉等现象，造成图样混杂不清，难以识读，也不便于标注尺寸，容易产生差错。为了能够清晰地表达物体的内部构造，假想将物体剖开，用剖面图或断面图去表达它的内部构造及材料。

1）剖面图的形成

将物体沿着一个或多个垂直于水平面或立面的平面切割，将切割部分移开，使得物体内部的元素得以清晰展现的一种投影，称为剖面图，如图 2-2-2 所示。

2）剖面图的种类

剖面图中剖切平面的位置、数量、方向和范围应根据物体的内部结构和外形来选择，常用的有以下几种：

（1）全剖面图

假想用一个剖切平面将物体完全剖开后得到的剖面图称为全剖面图。

全剖面图主要用于表达外形简单而内部结构复杂的物体，或内、外部结构都比较复杂，但外形在其他投影图中已经表达清楚的物体，如图 2-2-2 双杯基础的剖面图。

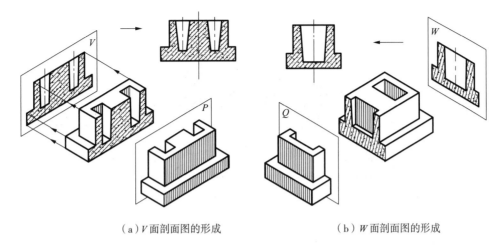

（a）V面剖面图的形成　　　　　　　（b）W面剖面图的形成

图 2-2-2　剖面图的形成（以双杯基础为例）

以下为园林工程中常见的全剖面图：

①园景剖面图　在园林规划设计中常采用全剖面图来反映地形或构成园景的各要素在竖直方向上的关系。园景剖面图是指园景被一假想的铅垂面剖切后，移去剖切平面与观察者之间的部分，然后沿某一剖切方向投影所得到的视图，如图 2-2-3 所示。

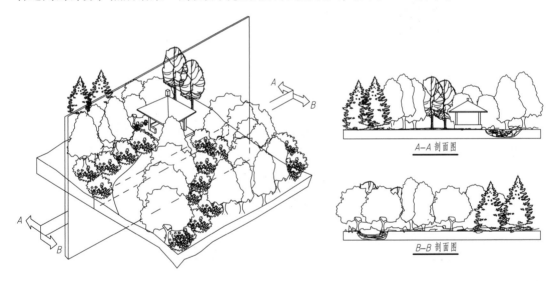

图 2-2-3　景园剖面图（董南，2005）

园景剖面图中包括园林建筑和小品等剖面，但在只有地形的剖面图中，应注意园景立面图和剖面图的区别，因为某些园景立面图中也可能有地形剖切线。通常园景剖面图的剖切位置应在平面图上标出，且剖切位置必须在园景之中，在剖切位置上沿正反两个剖视方向均可得到反映同一园景的剖面图，因此在园景较复杂时可用多个剖面图表示。

现在园林设计时，常绘制园林景观的剖面图用来表示景观的地形高度和变化，对剖面图后面的园林景观采用效果图的方式绘制。如图 2-2-4 所示。园景剖面效果图既可表达设计地形，又可表达设计的景观效果。

图 2-2-4　园景剖面效果图

②建筑平面图　在房屋的建筑图纸中,为了更好地反映出房屋的内部结构,常常假想用一个水平的剖切平面,通过门、窗洞将整栋房屋剖开,画出其整体的剖面图,这种水平剖切的房屋建筑图,称为建筑平面图,如图 2-2-5 所示。因其绘制方法约定俗成,故其剖面符号的标注常常省略。

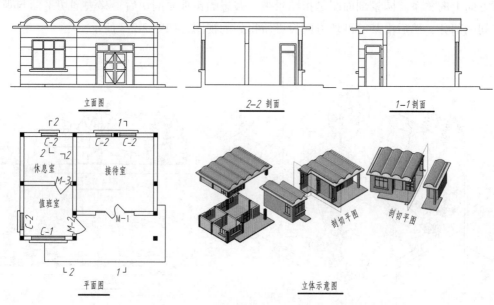

图 2-2-5　房屋平面图、立面图、剖面图

绘制建筑平面图时,因为相对整个建筑而言断开的剖面区域较小,为使剖面图清晰,一般情况下其剖面区域内的材料图例可省略不画。

(2) 半剖面图

当形体具有对称平面,且内外结构复杂均需要表达时,将垂直于对称平面的投影面上的投影,以对称中心线为界,一半画剖面图,另一半画外形图,这种剖面图称为半剖面图,如图 2-2-6 所示。

绘制半剖面图的注意事项:

①半个剖面图和半个外形视图的分界线应为细点画线,该处不可出现轮廓线。

②在半个剖视图中已经表达清楚的内部结构，在不剖的半个视图上不画表示该部分内部结构的虚线。

③半剖面图的标注方法和全剖面图一样，如图 2-2-6 所示。当投影方向和剖面图放置的位置与三视图一致时，可省略剖面方向线、位置线和代号的标注。

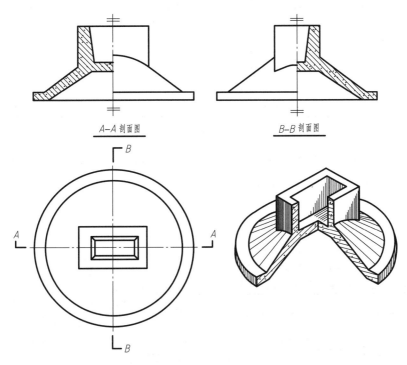

图 2-2-6　正锥壳基础的半剖面图

（3）阶梯剖面图

一个剖切平面，若不能将形体上需要表达的内部构造剖开，可将剖切平面转折成两个互相平行的平面，将形体沿着需要表达的地方剖开，然后画出剖面图。

用两个或两个以上的平行平面剖切物体所得到的剖面图称为阶梯剖面图，如图 2-2-7 所示。

绘制阶梯剖面图的注意事项：

①两剖切平面的转折处不应与图上的轮廓线重合，在剖面图上不应在转折处画线，如图 2-2-8 所示。

②在剖面图内不能出现不完整的要素。

③阶梯剖面图的剖切位置线、剖切方向线及剖切面转折线不可省略标注。

（4）局部剖面图

当形体只有某一局部需要表达时，可假想用剖切平面局部地剖开形体，所得剖面图称为局部剖面图。

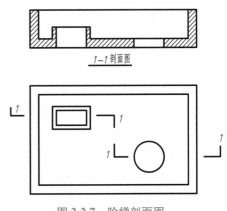

图 2-2-7　阶梯剖面图

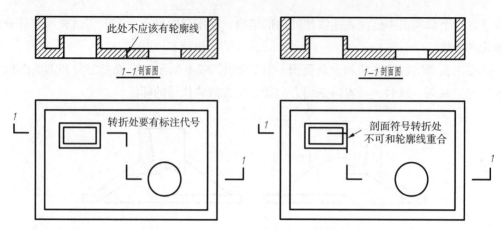

图 2-2-8 阶梯剖面图易发生的错误

在局部剖面图中,用波浪线表示投影图与剖面图的分界线。波浪线可视为物体断裂面的投影,故局部剖面图中的波浪线不能超出图形的轮廓线,且要在孔洞处断开,如图 2-2-9 所示。

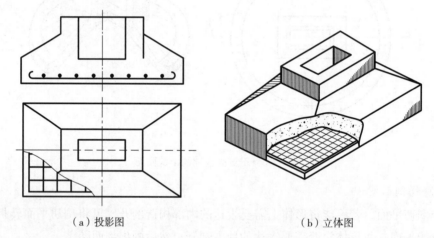

(a) 投影图　　　　　　　　　　(b) 立体图

图 2-2-9 局部剖面图

(5) 分层剖面图

分层剖面图是局部剖面图的一种形式,用以表达物体的内部结构,常用于表达构造层次较多的物体,如图 2-2-10 所示。分层剖面图应用波浪线按层次将各层隔开。

(6) 旋转剖面图

当用一个剖切平面或几个平行的剖切平面都不能完整表达物体的内部结构时,可采用几个相交的剖切平面将其剖开,然后将剖面的倾斜部分旋转到与投影面平行时再进行投影,这种先剖切,后旋转,再投影的投影方法称为旋转剖,所得到的投影图称为旋转剖面图。

如图 2-2-11 所示为一个楼梯的旋转剖面图,该楼梯的两个梯段在水平投影上呈一定角度,其正面投影用一个或两个平行剖切平面都无法将楼梯结构表达清楚,因此可用两个相交平面进行剖切。绘制剖面图时,应将右侧倾斜部分旋转到与 V 面平行的方向后再绘制 V 面投影图,并在剖面图的图名后加注"展开"字样。

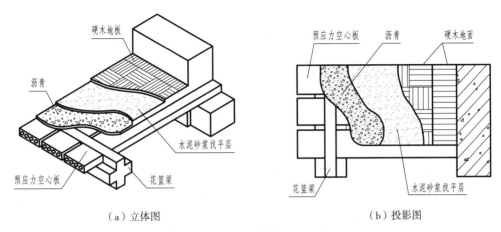

(a) 立体图　　　　　　　　　　　　(b) 投影图

图 2-2-10　地面的分层剖面图

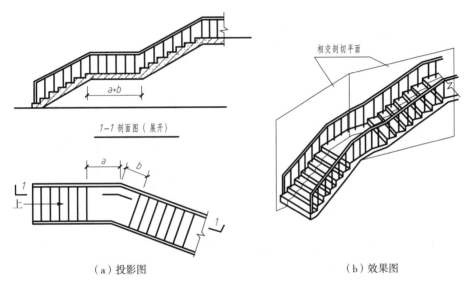

(a) 投影图　　　　　　　　　　　　(b) 效果图

图 2-2-11　楼梯的旋转剖面图

3) 剖面图的画法

剖切平面的位置决定了剖面图的形状。因此画剖面图时，应先选择合适的剖切位置，剖切平面一般选择投影面的平行面，且剖切平面一般应通过物体的对称面或孔的轴线。

(1) 确定剖切面的位置

常用平面作为剖切面(也可用柱面)。为了表达物体内部的真实形状，剖切平面一般应通过物体内部结构的对称平面或孔的轴线，并平行于相应的投影面。

(2) 画剖面图

物体被剖到的截断面投影轮廓线用粗实线绘制；为突出表示截断面的形状，剖切平面没有剖到但投射方向可以看到的部分用中实线绘制。

(3) 画材料图例

在物体被剖到的截断面投影轮廓线内绘制表示材料的图例符号。材料图例一般用细线绘制，斜线倾斜角度均为 45°。如材料不明，可用互相平行间隔均匀的 45°细实线画出。

(4)标注剖面图的名称代号

如"1-1剖面图"或"A-A剖面图",在名称编号的下方绘制一条等长的粗实线,如图2-2-5中的1-1剖面图。

绘制剖面图时的注意事项:

①剖切面是假想的,除剖面图、断面图外,其余图纸均按物体的完整轮廓画出。

②在剖面图中已表达清楚的内部形状,在其他投影图中可省略虚线。

③同一个物体,无论画几个视图,其剖面符号都要一样。

④表示不同材料的构件时,应在剖(断)面图中画出材料分界线,如图2-2-12所示。

⑤当剖(断)面图有部分轮廓线为45°倾斜时,为避免表示材料的45°剖面线与轮廓线混淆,剖面线可画成30°或60°,以便区别。对于相邻两个或两个以上不同构件的剖面,剖面线应画成不同倾斜方向或不同间隔,如图2-2-13所示。

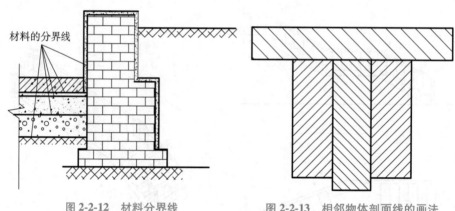

图2-2-12 材料分界线　　图2-2-13 相邻物体剖面线的画法

⑥对于房屋建筑图中的剖面图(详图除外)一般不画材料图例,水平剖面图习惯上沿门窗洞位置剖切,可不画剖切线。

4)剖面图的标注

为了读图方便,需要在投影图中标注剖切平面的位置和剖面图的投影方向,并给每一个剖面图加一个编号,以免读图混乱。对剖面图的标注规定如下:

①剖切符号由剖切位置线和剖视方向线组成,均用粗实线绘制。

②剖切位置线的长度宜为6~10mm,剖切方向线垂直于剖切位置线,其长度宜为4~6mm,剖切符号不应与其他图线接触,如图2-2-14所示。

③剖切符号的编号宜用采用粗阿拉伯数字,按剖切顺序由左至右、由下至上连续编排,并注写在剖视方向线的端部。需要转折的剖切位置线,应在转角的外侧加注与该符号相同的编号,见图1-3-7(a)所示。

④当剖面图与被剖切图样不在同一张图纸上时,应在剖切位置线另一侧注明图纸的编号,也可在图中集中说明,见图1-3-7(a)中的3-3剖面图。还可以采用国际统一和常用的剖视方法,见图1-3-7(b)所示。

⑤剖视图的下方应注写该投影的相应编号(即投影图的名称),并在该编号下方画一条

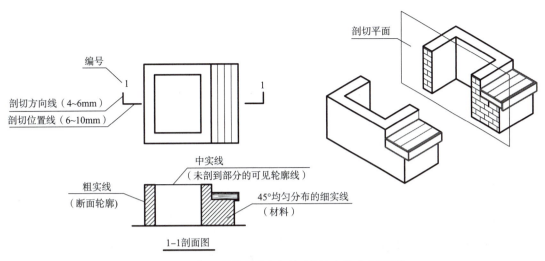

图 2-2-14　剖面图的画法和标注(花池座椅全剖面图)

粗实线,如图 2-2-14 中的 1–1 剖面图。

⑥当剖面图放置的位置与三视图一样,且剖切平面平行于相应的投影面,投影方向与正投影方向一致时,剖切位置线、方向线及编号均可省略。

2. 断面图

1) 断面图的形成

假想用一个剖切平面将形体剖切,仅画出剖切平面切到的形体截断面的图形,称为断面图,简称断面,如图 2-2-15 所示。

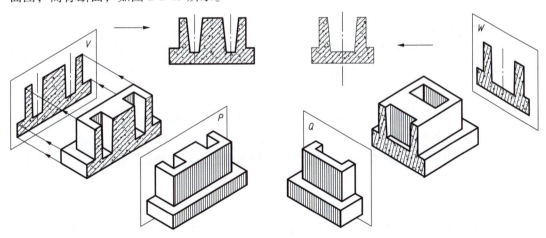

图 2-2-15　断面图的形成

2) 断面图与剖面图的区别(图 2-2-16)

①剖面图是被剖开形体的投影,是体的投影,而断面图只是一个截口的投影,是面的投影。

②剖切符号的标注不同。

③剖面图中的剖切平面可转折,而断面图中的剖切平面不可转折。

3)断面图的种类

(1)移出断面图

移出断面图是将断面图画在投影图之外。当一个形体有多个断面图时,可将其整齐地排列在投影图的四周,并且往往用较大的比例画出,如图 2-2-16(d)所示。

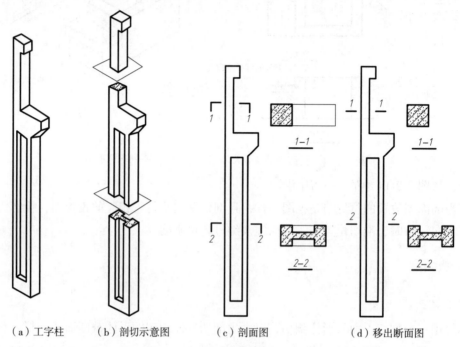

(a)工字柱　(b)剖切示意图　(c)剖面图　(d)移出断面图

图 2-2-16　工字柱断面图和剖面图

(2)重合断面图

重合断面图是将断面图直接画在投影图内,原投影图中的轮廓线仍连续画出,无须打断,无须加标注,只需要在断面轮廓线内画上材料符号,如图 2-2-17(b)所示。

重合断面图的比例与投影图相同,但图线应与投影图有所区别,如投影轮廓线为粗实线,重合断面图的轮廓线画细实线;反之,如投影轮廓线为细实线,重合断面图的轮廓线画粗实线,如图 2-2-17 所示。

当重合断面图的轮廓线不闭合时,应在断面轮廓线的内侧边缘加画剖面线,如图 2-2-17(c)(d)所示。

(3)中断断面图

形体较长且断面形状相同时,可将断面图画在形体中间断开处,称为中断断面图,如图 2-2-18 所示。

4)断面图的画法

①在断面图中,剖切平面位置的确定及图线的应用和剖面图相同。

②断面图中剖切符号是由剖切位置线与剖切编号组成的。

③剖切位置线的画法同剖面图;编号用粗阿拉伯数字标在剖切位置线的一侧,并且编号数字所在的一侧即断面图的投影方向,如图 2-2-19 所示。

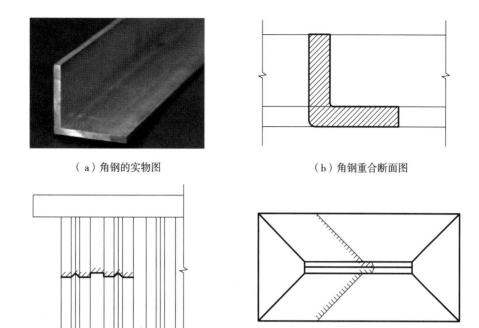

（a）角钢的实物图　　　　　　（b）角钢重合断面图

（c）墙面装饰重合断面图　　　　（d）屋顶平面图

图 2-2-17　重合断面图

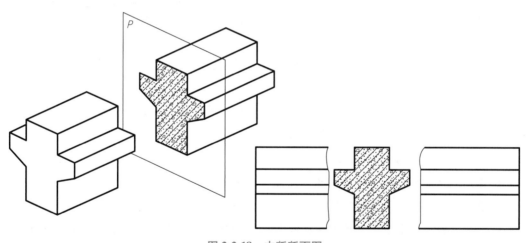

图 2-2-18　中断断面图

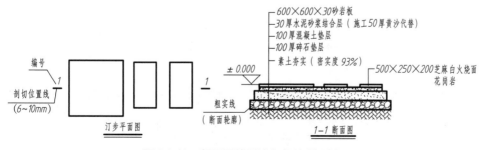

图 2-2-19　断面图的画法和标注（汀步）

任务实施

1. 确定图纸的总体布局

①固定图纸，打底稿，画图幅线、图框线、图纸标题栏。

②将 A3 图幅四等分，确定每部分的作图范围，同一物体的视图采用同一比例。

③将图大致布置在每个部分的中部，如图 2-2-20 所示。

2. 绘图

1）绘制基本视图（图 2-2-21）

①换算尺寸　根据选用比例，进行绘制尺寸换算，并标注在尺寸边。

②确定绘图方案　分析图形，确定绘图顺序。单个视图从下往上、自左向右绘制；底图要用铅笔绘制轻细线，作图时注意视图之间的"三等"关系，错线不要擦除，用铅笔在线上打"×"，避免擦除后上墨线洇墨。

③绘制剖面线　如图 2-2-22 所示，根据物体所用材料，在剖面图上用细实线绘材料图例。

2）尺寸标注

①标注基本尺寸　单位为毫米，标注定形尺寸、定位尺寸、总体尺寸。注意尺寸标注的原则和要求，小尺寸靠里，大尺寸靠外，能对齐尽量对齐，尺寸线之间行距相等。

②标注标高　单位为米，保留小数点后 3 位。需用标高符号标注物体的控高点、零点标高等相对标高。

③标注材料和做法　按多层构造引线标注或引线标注，文字注意一侧对齐。

3）绘制剖切符号

根据物体平面图绘制剖切位置符号，剖切位置符号长 6~10mm，注意剖切位置符号不要与其他图线相交，应标明阿拉伯数字编号。

3. 检查视图和上墨（图 2-2-23）

完成绘图后要检查整图的正确性，记住画错线条的位置，避免上墨出错；用不同型号针管笔绘制墨线，图线的画法、线宽组的使用应符合制图要求，先画细线，后画粗线，从左到右、从上到下；下笔用力要均匀，收笔不要停留在结尾处不动，三角板使用反面以减少渗墨；三角板要经常用纸巾或干布擦干净再用，上好墨的部分可以用纸盖住，并保持图面的清洁度。

线型要求：粗实线——轮廓线、剖切位置、地坪线用特粗实线；细实线——材料、图例线、纹理线、辅助线、尺寸标注等；细单点画线——中心线。

4. 清理图面，填写标题栏

待图上的墨线完全干燥后，将整图的图面用橡皮清理干净，注写图名比例，标题栏用长仿宋字体填写，如图 2-2-24 所示。

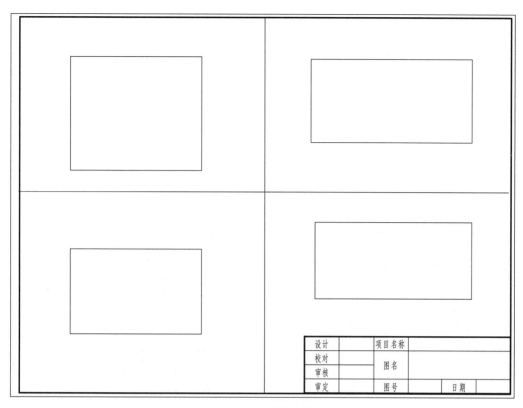

图 2-2-20　图纸布局

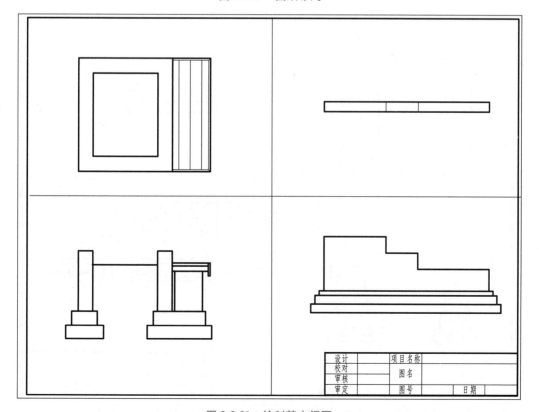

图 2-2-21　绘制基本视图

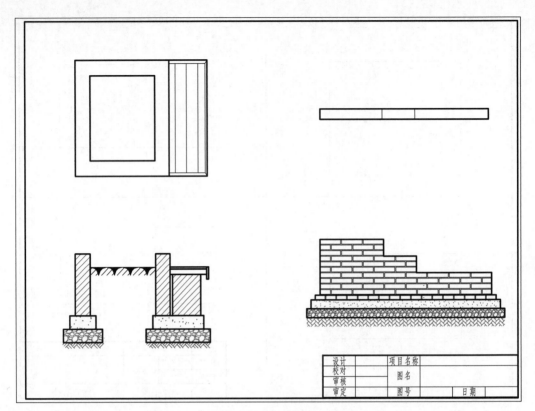

图 2-2-22　绘制剖面线

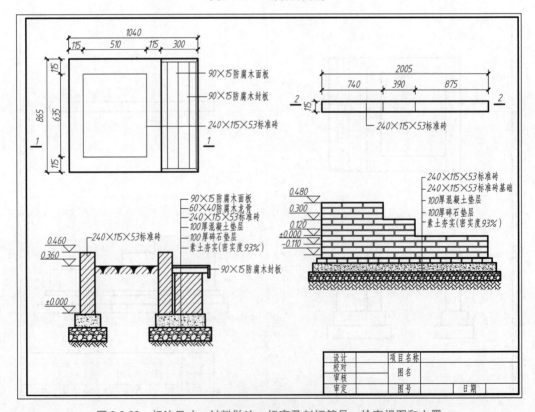

图 2-2-23　标注尺寸、材料做法、标高及剖切符号，检查视图和上墨

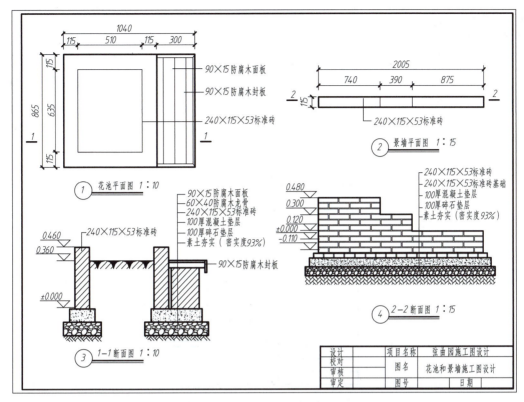

图 2-2-24 清理图面、注写图名、比例及标题栏

考核评价

评价维度	评价标准	分值	自我评价（25%）	同学互评（25%）	教师评价（50%）	得分
知识性	比例尺选择得当、尺寸标注正确	20				
	剖切位置正确、绘图完整、材料图例正确	20				
规范性	图纸固定、标题栏、图名注写规范	10				
	符号、标注规范	10				
	墨线图线型等级分明	10				
工匠精神	图面整洁美观	10				
	具备绘图员岗位人员精益求精的意识	10				
增值评价	对剖（断）面图认识加深，对园林工程了解程度进一步提升	10				
	总分	100				

巩固训练

1. 在 A3 图纸中抄绘如图 2-2-25 所示平面图、立面图，并绘制 1-1 剖面图。

要求：自定尺寸并确定合适的比例尺，完成墨线图且线型等级分明，图面布局合理，图框与标题栏按规范绘制。

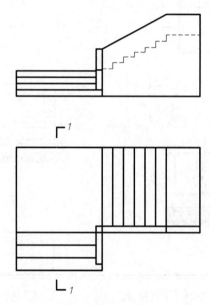

图 2-2-25　室外楼梯平面图、立面图

2. 在 A3 图纸中抄绘如图 2-2-26 所示平面图、立面图，并绘制 1-1 断面图和 2-2 剖面图。

要求：自定尺寸并确定合适的比例尺，完成墨线图且线型等级分明，图面布局合理，图例、图框与标题栏按规范绘制。

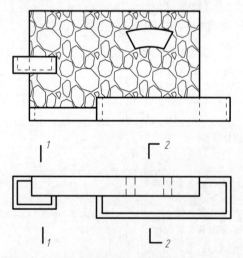

图 2-2-26　园林景墙与花坛组合平面图、立面图

项目 3　园林要素平面图、立面图和剖面图的识读与绘制

学习目标

【知识目标】

1. 了解各造园要素的特征；
2. 了解园林建筑平面图、立面图、剖面图的绘制步骤；
3. 了解园林植物正投影的表达方式；
4. 了解园林地形、水体等标高投影法，熟悉园林地形水体表达方法；
5. 了解假山、驳岸及道路等园林要素的表达方式；
6. 掌握园林设计各阶段各要素图纸的基本要求。

【技能目标】

1. 会运用正投影原理，结合要素特征进行识图；
2. 会识读并绘制简单的园林建筑图；
3. 会识读并绘制园林植物种植设计图；
4. 会识读假山、驳岸、道路等园林要素图；
5. 会识读并绘制简单的竖向设计图。

【素质目标】

1. 善于发现园林之美，继而懂得生活之美，激发对园林行业的热爱；
2. 养成"四勤四多"[眼勤(多看)、脚勤(多走)、手勤(多画)、脑勤(多想)]的良好习惯；
3. 培养耐心细致、严谨认真、实事求是的绘图习惯和精益求精的工匠精神；
4. 具备爱岗敬业、积极进取、吃苦耐劳、团结协作的职业素养；
5. 培养技能强国意识，厚植爱国情怀。

任务 3-1　识读与绘制园林建筑图

工作任务

用 1∶50 的比例尺，在 A3 图纸上绘制四方亭施工图，如图 3-1-1 所示。

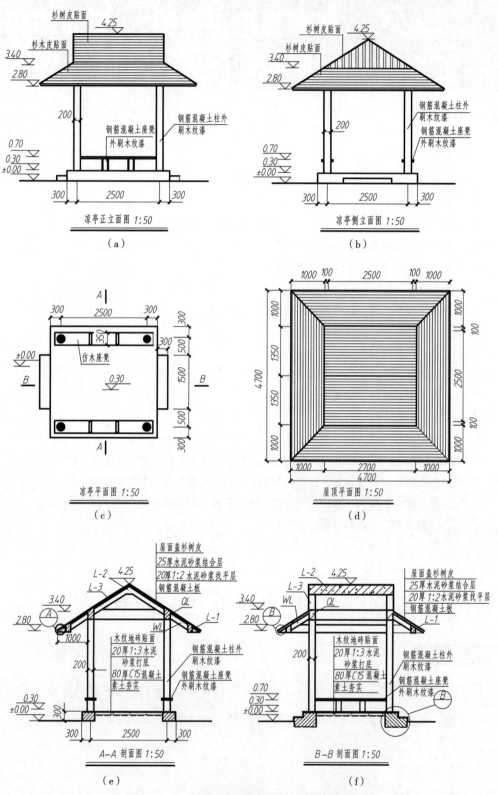

图 3-1-1 四方亭的平面图、立面图、剖面图

知识准备

1. 园林建筑概述

园林建筑是指在园林中既具有造景功能，又能供人游览、观赏、休息的各类建筑物和构筑物。

1) 园林建筑的特点

①十分重视总体布局，既主次分明，轴线明确，又高低错落；既满足使用功能的要求，又满足景观创造的要求。

②是一种与园林环境及自然景观充分结合的建筑。

③强调造型美观，色彩明朗，装饰精巧。

④多小巧灵活，富于变化。

2) 园林建筑的功能

（1）点景

点景即点缀风景。园林建筑往往作为园林一定范围内甚至整座园林的构图中心。

（2）观景

观景即观赏风景。以一幢建筑物或一组建筑群作为观赏园内景观的场所，使得观赏者在视野范围内摄取到最佳的风景画面。

（3）界定范围空间

利用建筑物围合成一系列的庭院，或者以建筑为主，辅以山石植物，将园林划分成若干空间层次。

（4）引导游览路线

以园林中的道路结合建筑物的穿插、对景和障景，创造一种步移景异、具有导向性的游动观赏效果。

3) 园林建筑的分类

园林建筑的种类很多，形式各具特色。

（1）按性质分类

①传统园林建筑　多为仿古建筑，也属于游憩型园林建筑，如宫殿、亭、台、楼、阁、厅、廊、舫、塔、馆、斋等。

从结构上看，具有石化台（基）座、抬梁式或立贴式梁架、带有戗角形式的大屋盖；从工种上看，具有砖细、广漆、彩绘、贴金、木雕、筒瓦、玻璃瓦等传统工艺；从外观形式上看，具有古式门窗、吴王靠、挂落、飞罩、洞门等表现形式。

②现代园林建筑　仿古建筑以外的，计算建筑面积的普通（园林）建筑，多属服务型园林建筑，具有一般建筑工程结构的特点，由基础、结构、（构架）、屋顶三大部分组成，或带有少量的仿古建筑形式。如动物笼舍（馆）、展览室、小卖部、门卫室、厕所等。

(2) 按使用功能分类

①园林建筑小品　在园林建筑中，除仿古建筑和普通建筑以外的建筑，体量小巧、数量多、分布广、功能简明、造型别致，具有较强装饰性的精美设施。其有基础、结构，但无屋盖，如花架、园桥、假山、普通围墙、驳岸等。

②游憩性建筑　给游人提供浏览、休息、赏景的场所，如亭、廊、榭等。

③服务性建筑　为游人在浏览途中提供生活上服务的建筑，如小茶室、小吃部等。

④公用性建筑　包括通信设施、停车场、厕所等。

⑤管理性建筑　指园林场所内的管理设施，如办公室、食堂、温室等。

2. 园林建筑设计图

在园林建筑设计中，一般要经过初步设计、技术设计和施工设计三个阶段。初步设计图应反映建筑物的形状、大小和周围环境，用以研究造型，推敲方案。方案确定后，再进行技术设计和施工设计。

园林建筑初步设计图包括总平面图、平面图、立面图、剖面图和效果图，如图3-1-2所示。

园林建筑施工设计图是表达建筑设计构思和意图的工程图样，必须严格按照相关制图标准详细、准确地表达建筑物的内外形状和大小，以及各部分结构、构造的做法和施工要求。下面以建筑施工设计图为例介绍各图纸内容和表达方法。

1) 园林建筑总平面图

园林建筑总平面图表明一个工程的总体布局，是建筑物所在基地内总体布置的水平投影图，如图3-1-3所示。

(1) 园林建筑总平面图用途

园林建筑总平面图是用来确定建筑与环境关系的图纸，为以后的设计、定位、施工提供依据。

(2) 园林建筑总平面图内容

园林建筑总平面图包含原有和新建工程的位置、标高、朝向以及室外场地、道路、地形、地貌、绿化等内容。

①表明新建区的总体布局　如用地范围，各建筑物的位置，道路、管网、绿化等情况。

②表明建筑物的平面位置　一般根据原有房屋或道路定位。

③表明建筑物首层地面的绝对标高　室外地坪、道路的绝对标高，说明土方填挖情况、地面坡度及雨水排除方向。

④绘制比例、指北针、风玫瑰图，注写标题　总平面图的范围较大，通常采用较小比例尺，如1∶300、1∶500、1∶1 000等。图中尺寸数字单位为米，宜用线段比例尺。用指北针表示房屋的朝向，有时用风玫瑰图表示常年风向频率和风速。

⑤各种管线图　如有地下管线或构筑物，图中也应画出它的位置，以便作为平面布置的参考。根据工程的需要，有时还有水、暖、电等管线总平面图，各种管线综合布置图，竖向设计图，道路纵横平面图以及绿化布置图等。

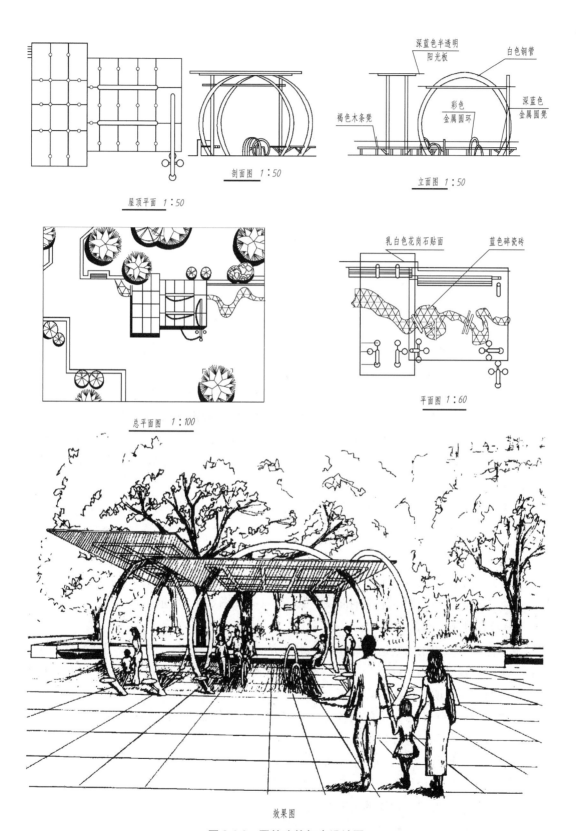

图 3-1-2 园林建筑初步设计图

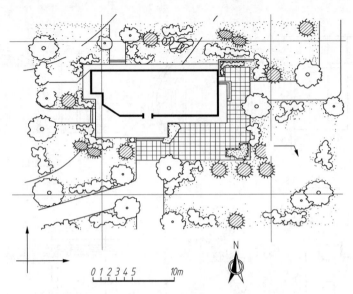

图 3-1-3　某园林建筑总平面图

(3) 园林建筑总平面图绘制要求

①内容全面　利用文字、表格或者图例说明设计思想、设计内容、园林设施等。

②图例标准　熟悉园林建筑总平面图常用图例，绘制时要符合相关要求。

③布局合理　在绘制图样之前，需要根据出图的要求确定适宜的图幅，再根据图样上的尺寸和图幅大小确定合适的绘图比例。总平面图中包含图样、文字说明、图名、比例、风向频率玫瑰图等内容，所以在绘制时一定要注意各部分之间的布局，充分合理地利用图纸空间。

④美观　总平面图是展示园林设计效果的主要图样，所以在图面表现方面应该遵循平面构图原理以及美学原则，增强图面的美观性。

2) 园林建筑平面图

园林建筑平面图是沿建筑物窗台以上部位(没有门窗的建筑过支撑柱部位)，经水平剖切，向下作正投影得到的一个全剖面图，如图 3-1-4 和图 3-1-5 所示。

(1) 园林建筑平面图内容

园林建筑平面图用来表达园林建筑在水平方向的各部分构造，除应表明建筑物的平面形状、房间布置以及墙、柱、门、窗、楼梯、台阶、花池等位置外，还应标注必要的尺寸、标高及有关说明。具体内容如下：

①建筑物的平面形状，房屋内各房间的名称、内部布置情况以及房屋朝向。

②房屋内、外部尺寸和定位轴线。

③墙、柱的形状、结构和大小，墙体厚度。

④门窗的位置、代号与编号，门的开启方向。

⑤楼梯梯段的形状，梯段的走向和级数。

⑥各层的地面、平台标高。

⑦建筑物的结构形式及主要建筑材料，内部装修做法和必要的文字说明。

项目 3 园林要素平面图、立面图和剖面图的识读与绘制

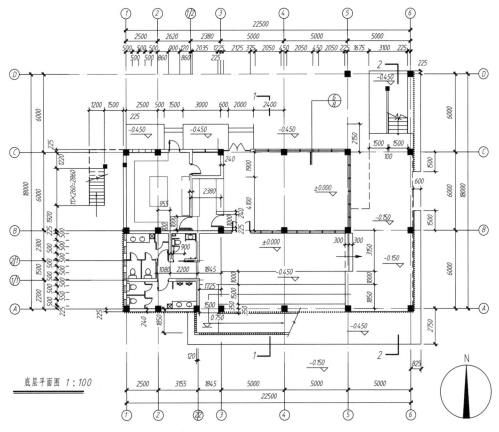

图 3-1-4 某茶室底层平面图

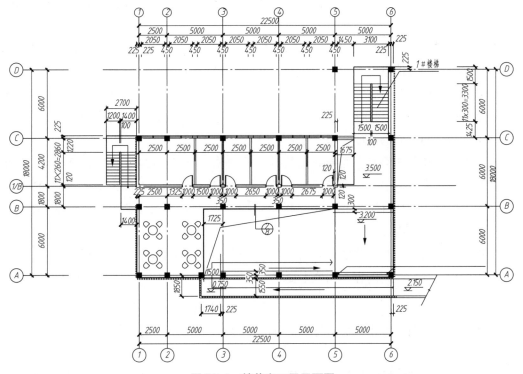

图 3-1-5 某茶室二层平面图

⑧底层平面图应注明剖面图的剖切位置。
⑨使用详图的,应标注索引符号。
⑩图名、绘图比例尺和指北针。

园林建筑平面图是园林建筑设计和施工中的基础性图纸,用于表现建筑方案。施工过程中,建筑平面图为放线、砌墙、门窗安装、室内装修、编制预算以及备料等提供依据。

(2)园林建筑平面图绘制要求

①比例选择及材料图例　在绘制园林建筑平面图之前,要根据建筑形体的大小选择合适的绘制比例,通常可选比例尺为1∶50、1∶100、1∶200。比例尺≤1∶100时,剖到的砖墙一般不画材料图例或在透明图纸背面涂红表示,剖到的钢筋混凝土构件涂黑表示;在比例尺大于1∶50的平面图中宜画出材料图例。

②图线　在园林建筑平面图中,凡是被剖切到的主要构造(如墙、柱等)断面轮廓线均用粗实线绘制,墙、柱轮廓都不包括粉刷层厚度,粉刷层在1∶100的平面图中不必画出。在1∶50或更大比例尺的平面图中用粗实线画出粉刷层厚度。

被剖切到的次要构造的轮廓线及未被剖切的轮廓线用中粗实线绘制。尺寸线、图例线、索引符号等用细实线绘制。

③门窗画法及编号　门窗的平面图画法应按建筑平面图图例绘制。其中,用45°中粗线表示门的开启方向,用两条平行细实线表示窗框及窗扇的位置。门的名称代号是M,窗的代号是C,编号如M-1、C-1等。

④定位轴线及编号　定位轴线是用来确定建筑物基础、墙、柱等承重构件位置的基准线,是施工定位、放线的依据。具体要求详见本教材任务1-3知识准备中定位轴线相关内容。

⑤尺寸标注　园林建筑平面图尺寸标注按照3道尺寸线进行标注:第一道尺寸线标注门窗洞口、墙垛、墙体厚度等的尺寸;第二道尺寸线标注轴线间的尺寸;第三道尺寸线标注总尺寸,即建筑的总长度和总宽度。此外,还须标注出某些局部尺寸及室内外标高,首层室内地面标高一般为±0.000,并注明室外地坪标高,其余各层均注有地面标高,有坡度的房间内还应注明地面的坡度。

⑥索引符号和剖切符号　绘制其他构件,如墙体、门窗、楼梯等。如需要绘制详图,应该在对应位置采用索引符号进行标注。当需要绘制剖切详图时,应在平面图上标出剖切位置和剖视方向,剖切符号一般在首层平面图中标出。具体要求详见本教材任务1-3知识准备中索引符号相关内容。

⑦指北针、文字说明　首层平面图中要绘制指北针,标明建筑物的朝向。

平面图中不易标明的内容,如施工要求、混凝土及砂浆的标号等,需要用文字说明。

3)园林建筑立面图

园林建筑立面图是将建筑物向与其平行的投影面(相当于三面正投影图中的V面或W面)投影所得的投影图。

园林建筑立面图应反映建筑物的外形及主要部位的标高。其中,反映主要外貌特征的立面图称为正立面图,其他立面图相应地称为背立面图、侧立面图。也可按建筑物的朝向命名,如南立面图、北立面图、东立面图和西立面图。有时也按照外墙轴线编号来命名,如①-⑥立面图或A-D立面图。如图3-1-6和图3-1-7所示。

(1)园林建筑立面图内容

①两端外墙定位轴线,图名与比例。

②建筑物外形、房屋外墙面上可见的全部内容,如散水、台阶、雨水管、花池、勒脚、门头、门窗、雨篷、阳台、烟囱、檐口等的位置,以及屋顶的构造形式。

③建筑物的总高度、各个部位的标高尺寸(如各楼层高度、室内外地坪标高及烟囱高度等)和局部必要尺寸。

④外墙上门窗的形状、位置和开启方向。

⑤建筑物外墙所用材料及饰面的分格,外墙面上各种构配件、装饰物的形状、用料和具体做法。

⑥墙体剖面图的位置。

⑦详图索引符号和必要的文字说明。

立面图能够充分表现建筑物的外观造型效果,可以用于确定方案,并作为设计和施工的依据。

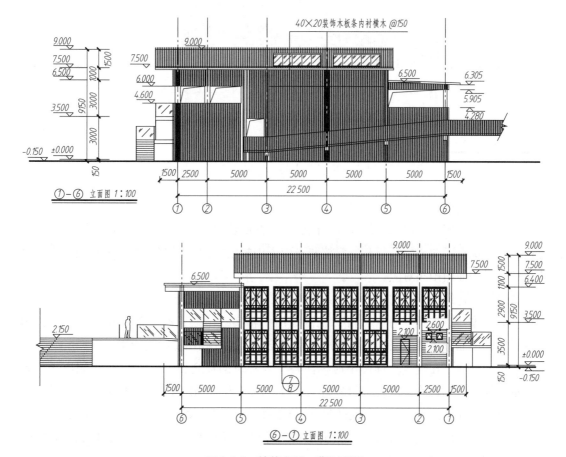

图3-1-6 某茶室正、背立面图

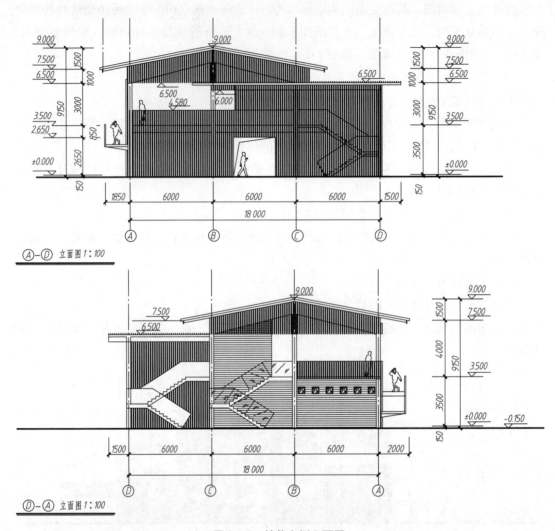

图 3-1-7　某茶室侧立面图

(2) 园林建筑立面图绘制要求

①图名、比例及两端的定位轴线　图名中应注明建筑物的朝向（如南立面图）；选用的比例应与建筑平面图相同，门窗也应按照平面图中规定的图例绘制；图中要标注出定位轴线，编号与平面图中相对应。

②图线　建筑立面图的最外轮廓线用粗实线绘制；主要部位轮廓线，如勒脚、窗台、门窗洞口、檐口、雨篷、柱、台阶、花池等用中粗实线绘制；次要部位轮廓线，如门窗线、栏杆、墙面分格线、墙面材料等用细实线绘制；地坪线用特粗线绘制。

③尺寸标注　在建筑立面图中应标注各主要部位的标高（以米为单位），如出入口地面、室内外地坪、台阶、窗台、门窗洞上下口、檐口顶面、雨篷和阳台底面、屋顶等处的标高。还应标注上述部位相互之间的尺寸。标注时注意尺寸排列整齐，力求图面清晰。

④其他　利用图例或者文字标注出建筑物外墙或者其他构件所采用的材料、做法等。如外墙为红机砖清水墙，屋檐、窗上口、窗台、勒脚为水泥砂浆抹面。

为了表现园林建筑的艺术效果，根据总平面图的环境条件，也可在建筑物的两侧和后部绘出一些配景，如花草、树木、山石等。绘制时可采用概括画法，力求比例协调、层次分明。

4) 园林建筑剖面图

建筑剖面图是假想用一个垂直的剖切平面将建筑物剖切后获得的，用来表示建筑物沿高度方向的内部结构，如空间位置、分层情况，构造形式和关系，以及主要部位的标高（图 3-1-8）。

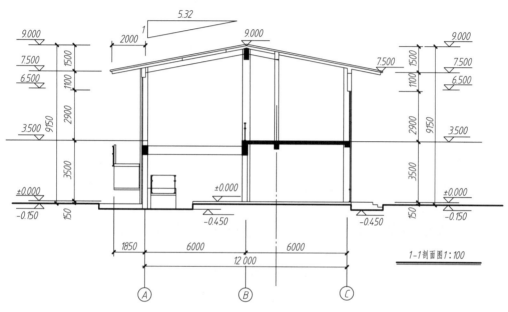

图 3-1-8　某茶室剖面图（1）

(1) 园林建筑剖面图内容

①图名、比例。

②房屋定位轴线、室内外地面线、楼面线、楼梯平台面线、楼梯段的起止点等。

③主要建筑构件，如剖切到的墙身、楼板、屋面板、楼梯休息平台板、楼梯，以及墙身上可见的门窗洞轮廓线等。

④细小建筑构配件，如门、窗、楼梯栏杆与扶手、踢脚线等。

⑤尺寸、标高（各部位高度如房间的高度、室内外高差、屋顶坡度、各段楼梯的位置等）、轴线编号、详图索引符号、装修要求、用料与做法的文字说明。

剖面图与平面图和立面图配合，可以完整地表达建筑物的设计方案，并为进一步设计和施工提供依据，如图 3-1-8 和图 3-1-9 所示。

(2) 园林建筑剖面图绘制要求

①剖切位置的选择　剖面图的剖切位置应根据所要表达的内容确定，一般选在内部结构有代表性的典型部位（通过门、窗等）或空间变化比较复杂的部位，且剖面位置根据需要可以转折一次。

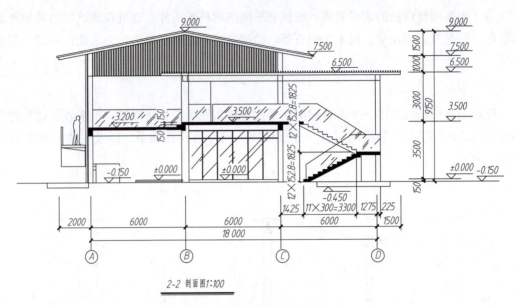

图 3-1-9　某茶室剖面图(2)

②图名和比例　剖面图的名称应与平面图中所标注的剖切位置线编号一致。例如，在首层平面图中 1-1 剖切位置形成的剖面图图名为 1-1 剖面图，在图名右侧写出绘图比例，比例与平面图相同。

③定位轴线　在剖面图中应标出被剖切到的各承重构件的定位轴线，并标出编号，编号与平面图一致。

④图线　剖切平面剖到的断面轮廓用粗实线绘制；未剖到的主要可见轮廓，如窗台、门窗洞、屋檐、雨篷、墙、柱、台阶、楼梯、栏杆、踢脚线、花池等用中实线绘制；其余用细实线，如门窗扇线、栏杆、墙面分格线等。室内外地坪线用特粗线。

在 1∶100 的剖面图中，楼板层和屋顶层只画两条粗实线，剖到的墙身轮廓也用粗实线绘制；在 1∶50 的剖面图中，楼板层和屋顶层需在结构层上方加画一条中粗线作为面层线，如楼地面的面层，墙身另加绘细实线，表示粉刷层的厚度。

⑤尺寸标注　建筑剖面图应标注垂直方向上的分段尺寸，含外墙尺寸(一般分为 3 道：最内一道是门窗洞、洞间墙及勒脚等的高度尺寸；中间一道是层高尺寸；最外一道是总高尺寸，表示室外地坪至楼顶的总高度)和某些局部尺寸(如内墙上的门窗高度)。

此外，还须标明建筑标高，如室外地坪、室内地面、楼面、楼梯平台面、窗台、门窗洞顶部、檐口、屋顶等建筑物主要部位的标高，以及门窗过梁、圈梁、楼梯平台梁底面部位的结构标高。

所注尺寸应与平面图、立面图一致。

> 知识拓展

标高是标注建筑物高度的一种尺寸形式，均以米为单位，可分为绝对标高和相对标高：绝对标高是以青岛附近黄海平均海平面为零点测出的高度尺寸，总平面图中的室外地坪标高采用绝对标高，为涂黑的等腰直角三角形；相对标高是以建筑物室内主要地面为零点测出的高度尺寸，除总平面图外，一般都采用相对标高，即把首层室内地面的绝对标高定为相对标高的零点，以"±0.000"表示，如图 3-1-10 所示。

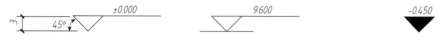

（a）平面图上的楼地面标高符号　（b）立面图、剖面图各部位的标高符号　（c）总平面图上的标高符号

图 3-1-10　标高符号

建筑标高和结构标高的区别（图 3-1-11）：

（1）高度不同

建筑标高指在相对标高中，凡是包括装饰层厚度的标高，注写在构件的装饰层面上；结构标高指在相对标高中，凡是不包括装饰层厚度的标高，注写在构件的底部，是构件的安装或施工高度。

（2）作用不同

建筑标高为装饰装修完成后的标高，即交工状态的标高；结构标高为装饰装修完成前的标高，即装饰装修前的标高。

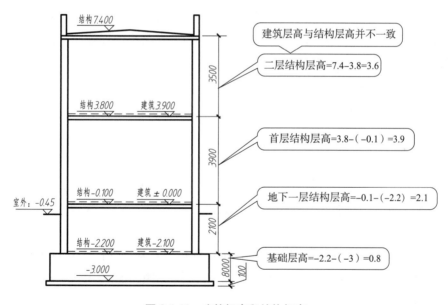

图 3-1-11　建筑标高和结构标高

5）园林建筑详图

在施工图中，由于平面图、立面图、剖面图的比例较小，许多细部构造表达不清楚，必须用大比例尺绘制局部详图或构件图。详图也是运用正投影原理绘制的，表示方法根据详图特点有所不同。建筑详图的主要内容有（图 3-1-12）：

①详图名称、比例尺、定位轴线、详图符号以及需另画详图的索引符号。

建筑详图的比例尺一般选用 1∶20、1∶10、1∶5、1∶2、1∶1 等，具体比例应根据细部构造的复杂程度而定。建筑详图所画的节点部分，除了要在平面图、立面图、剖面图

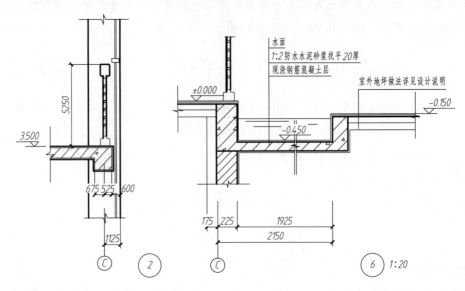

图 3-1-12　某茶室部分详图

中有关部位标注索引标志外，还应该在所绘制的详图上标注详图符号和写明详图名称。详图符号表示详图的编号，具体要求详见本教材任务 1-3 知识准备中详图符号相关内容。

②建筑构配件的形状、构造、详细尺寸以及剖面节点部位的详细构造、层次、有关尺寸和材料图例。

③装饰用料、颜色和做法、施工要求。

④必要的标高，如楼面、地面和屋面的标高，雨水管等附属构件的标高。

6) 园林建筑结构图

(1) 基础图

基础图是建筑物地下部分承重结构的施工图，包括基础平面图和表示基础构造的基础详图，以及必要的设计说明。基础图是施工放线、开挖基础(坑)、基础施工、计算基础工程量的依据。

①基础平面图（图 3-1-13）　基础平面图的剖视位置在室内地面(±0.000 处)，与基础之间一般不得因对称而只画一半。被剖切的墙身(或柱)用粗实线表示，基础底宽用细实线表示。其主要内容如下：

· 图名、比例。

· 与建筑平面图一致的纵横定位轴线及其编号，一般外部尺寸只标注定位轴线的间隔尺寸和总尺寸。

· 基础的平面布置和内部尺寸，即基础墙、基础梁、柱、基础底面的形状、尺寸及其与轴线的关系。

· 以虚线表示暖气、电缆等管道的线路布置，穿墙管洞应分别标明其尺寸、位置与洞底标高。

· 剖面图的剖切线及其编号，对基础梁、柱等注写基础代号，以便查找详图。

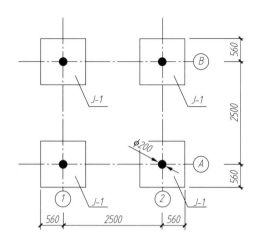

图 3-1-13　四方亭基础平面图

②基础详图（图 3-1-14）　不同类型的基础，其详图的表示方法有所不同。如条形基础的详图一般为基础的垂直剖面图；独立基础的详图一般包括平面图和剖面图。基础详图的主要内容如下：

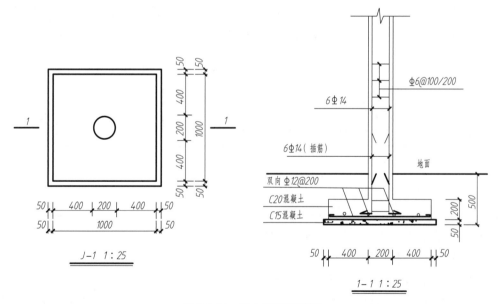

图 3-1-14　四方亭基础详图

· 图名、比例。
· 中轴线及其编号，若为通用剖面图，则轴线圆圈内可不编号。
· 基础剖面的形状及详细尺寸。
· 室内地面及基础底面的标高，外墙基础还需注明室外地坪的相对标高，如有沟槽者还应标明其构造关系。

·钢筋混凝土基础应标注钢筋直径、间距及钢筋编号。现浇基础还应标注预留插筋、搭接长度与位置及箍筋加密等。对桩基础应标注承台、配筋及桩尖埋深等。

·防潮层的位置及做法,垫层材料等(也可文字说明)。

(2)钢筋混凝土梁配筋图

混凝土是由胶凝材料(如水泥)、粗骨料(石子)、细骨料(砂子)、水等按照一定比例拌和,振捣密实,在标准条件下养护硬化凝结而成的人工石材。混凝土抗拉强度低、抗压强度高,为了提高混凝土构件的抗拉能力,常在混凝土的受拉区内配置一定数量的钢筋。钢筋按其强度和品种分成不同的类型,并用不同的直径符号表示。HPB300 级和 HRB335 级钢筋常用于普通混凝土构件;HRB400 级和 RRB400 级钢筋及高强钢丝用于预应力钢筋混凝土构件。这种由混凝土和钢筋两种材料共同构成整体的构件称为钢筋混凝土构件。混凝土对钢筋也起到保护作用。

①钢筋混凝土构件的表示方法 钢筋混凝土构件一般通过立面图和断面图来表示构件的配筋情况。为了突出构件中钢筋的布置情况,立面图中构件的轮廓线用细实线表示,钢筋用粗实线绘制。断面图中剖到的钢筋断面画成黑圆点,未剖到的钢筋仍画成粗实线,不用绘制材料图例。如果断面图中不能清楚表示钢筋的布置,应在断面图外增画钢筋布置图。在平面图中配置双层钢筋时,底层钢筋弯钩应向上或向左,顶层钢筋弯钩向下或向右。

②配筋图的一般规定 为了表示钢筋混凝土构件内部钢筋的配置情况,可将混凝土构件假定为透明体。这种用来表示构件内部钢筋布置的图样称为配筋图,如图 3-1-15 所示。

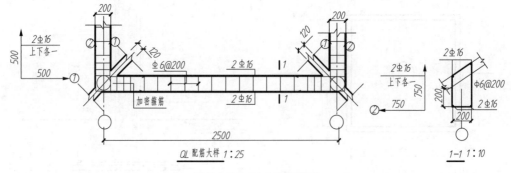

图 3-1-15 四方亭配筋图

配筋图在绘制时有以下要求:

·绘制配筋图时,一般不画混凝土材料符号。

·钢筋全部编号:规格、直径、形状、尺寸完全相同的钢筋,称为同类型钢筋,无论数量多少,只编一个序号。不同类型的钢筋应分别编号。编号时应按照先主筋后分布筋,逐一顺序编号,并将号码填写在直径为 6mm 左右的圆圈内,用引线引到相应的钢筋上。

·钢筋直径、根数、间距的标注方法如下(图 3-1-16):

"2Φ20"中,"2"表示钢筋的数量是 2 根,Φ 表示 HRB335 级钢筋,"20"表示钢筋的直径是"20mm";"ϕ8@200"表示钢筋类型为 HPB300 级,钢筋直径为 8mm,钢筋间距为 200mm。

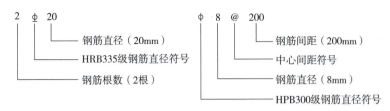

图 3-1-16 钢筋直径、数量、间距的标注方法

·钢筋成型图的尺寸标注：在配筋图中，除了用一组视图和断面图表示形状和相互位置外，还应详细注明每根钢筋加工成型后的大样，因此，需画出每根钢筋的成型图。

·在钢筋成型图上，必须逐段注出尺寸，不画尺寸线和尺寸界线。弯起钢筋倾斜部分的尺寸常用标注直角三角形两直角边长的方法注明。钢筋的弯钩有标准尺寸，图上不必注明，在钢筋表中另做计算。

③钢筋表 配筋表需详细列出构件中所有钢筋的编号、简图、规格、直径、长度及根数等。它主要用作钢筋下料及加工成型，同时用于计算钢筋用量。

任务实施

1. 图纸总体布局

①根据四方亭的尺寸以及所用的比例，选择 A3 图幅竖式绘制。

②打底稿，用 H 型或 HB 型铅笔，首先按照选定的图幅要求，用轻细实线画好图纸幅面线、图框线、图纸标题栏。

③将平面图、立面图、剖面图等合理均匀地布置在图纸中，并留出尺寸线的标注位置，以保证布局美观。

2. 绘图

1) 画平面图

①画亭柱的定位轴线(内外墙中线)，明确纵向和横向的定位点。

②画亭柱内外墙厚度。

③画出座凳、台阶、门窗位置及宽度(当比例尺较大时，应绘出门、窗框示意)。

④加深亭柱(墙)的剖断线，按线条等级依次加深其他各线(门的开关弧线用最细线)。

⑤结合剖面的视图方向，标注剖切符号及剖切编号。

⑥注写标高及必要的文字说明、详图索引符号。

⑦用细线均匀画出屋顶平面图中的材料装饰线条。

2) 画立面图

①画出室内外地坪线，亭柱(墙)的结构中心线，内外墙及顶(屋)面的构造厚度。

②画出座凳、台阶、门、窗洞高度，出檐宽度及厚度，室内墙面上门的投影轮廓。

③画出座凳、台阶、门、窗、墙面、踏步等细部的投影线。

④用细线均匀画出屋顶的材料装饰线。

⑤加深外轮廓，按线条等级依次加深各线。

⑥注写标高及必要的文字说明、详图索引符号。

3）画剖面图

①画出室内外地坪线，亭柱（墙）的结构中心线，内外墙及顶（屋）面的构造厚度。
②画出座凳、台阶、门、窗洞高度，出檐宽度及厚度，室内墙面上门的投影轮廓。
③画出剖断部分轮廓、材料图例和各投影线，如座凳、门洞、墙面、踢脚线等。
④加深剖断轮廓线，按线条等级依次加深各线。
⑤注写标高及必要的文字说明、详图索引符号。

4）检查描深图线，标注尺寸，完成全图

注写图名、比例，擦除铅笔底稿，可适当绘制配景，如植物、平面图的地面材料等，但要用细线，并保证尺寸标注、标高、各种符号、文字说明等完整。

3. 整理与核对

①工具清洁与整理。
②核对图纸是否符合规范。

考核评价

评价维度	评价标准	分值	自我评价（25%）	同学互评（25%）	教师评价（50%）	得分
知识性	图纸尺寸、比例尺、符号术语、标注正确	20				
	线型线宽分明	10				
	图例规范，字体为长仿宋体	10				
规范性	建筑理解正确性、图形分类准确性、内容完整性、材料识别正确性	10				
	绘图顺序正确	10				
美观性	布局美观、图纸整洁	10				
	工具、材料整理有序	10				
工匠精神	亭的细节处理、建筑材料运用精益求精	10				
增值评价	在学习过程中的进步、成长，潜在的发展能力，对园林亭认识的提高	10				
总分		100				

巩固训练

绘制如图 3-1-17 至图 3-1-21 所示四方亭（大样）详图、结构图和配筋图。

要求：
（1）用 A3 图纸绘制墨线图，注意布局均匀美观。
（2）图纸中各项符号和图线绘制正确，尺寸标注和字体规范。

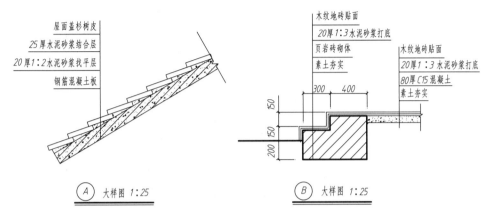

图 3-1-17　四方亭详图

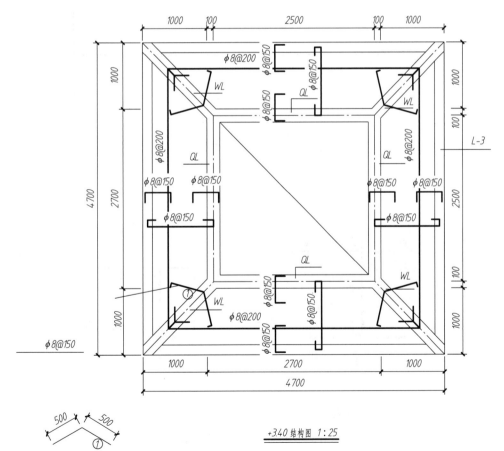

图 3-1-18　四方亭结构图（1）

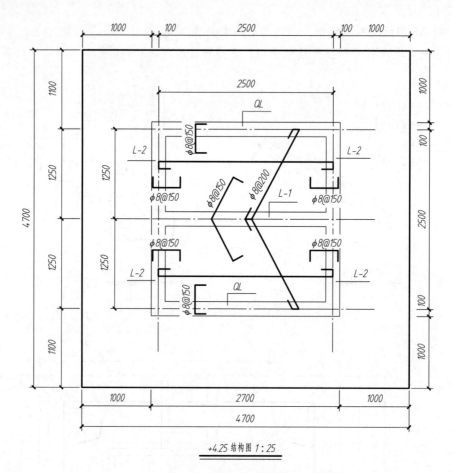

图 3-1-19　四方亭结构图（2）

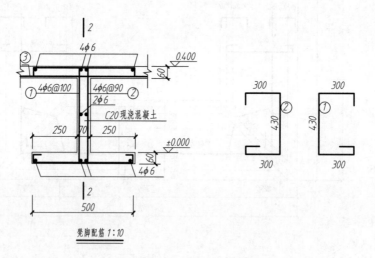

图 3-1-20　四方亭凳脚配筋图

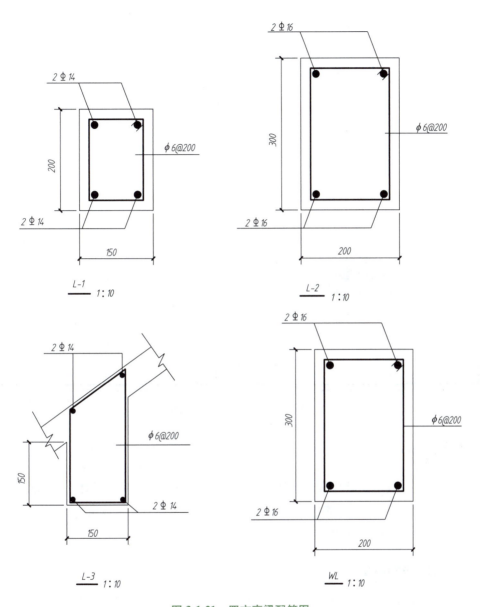

图 3-1-21 四方亭梁配筋图

任务 3-2 识读与绘制种植设计图

🍃 **工作任务**

识读并绘制弦曲园种植设计图,如图 3-2-1 所示,并完成种植设计植物统计表。

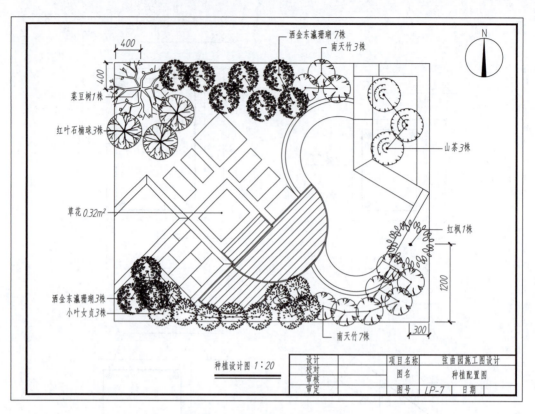

图 3-2-1　弦曲园种植设计平面图

> 🍃 **知识准备**

园林植物是重要的造园要素。园林植物的分类方法较多,《风景园林制图标准》(CJJ/T 67—2015)中将其分为乔木、灌木、竹类、地被和绿篱 5 大类。园林植物由于它们的种类不同,形态各异,因此画法也不同。

1. 植物的平面画法

1）乔木的平面表现方法

乔木一般用图例表示,其方法为：先以树干位置为圆心,树冠平均半径为半径作圆,然后依据不同乔木的特性加以表现,如图 3-2-2 所示。

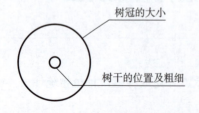　　　　

（a）定树干和树冠位置、大小　　（b）画主枝　　（c）画细枝和树叶

图 3-2-2　乔木平面图图例

在具体绘制时，应注意以下几个问题：

①平面图中树冠的大小应根据成龄树冠的大小按比例绘制，成龄树冠大小可参考表 3-2-1。

表 3-2-1 成龄树的树冠冠径

树种	孤植树	高大乔木	中小乔木	常绿乔木
冠径（m）	10~15	5~10	3~7	4~8

②不同的植物种类常以不同的线型来表现。针叶树常以带有针刺状的树冠来表现，若为常绿针叶树，则在树冠线内加画平行的斜线，如图 3-2-3 所示。阔叶树的树冠线一般为圆弧线或波浪线，落叶的阔叶树多用枯枝表现；常绿阔叶树多表现为浓密的叶子，或在树冠内加画平行斜线，如图 3-2-4 所示。

图 3-2-3 针叶乔木平面画法

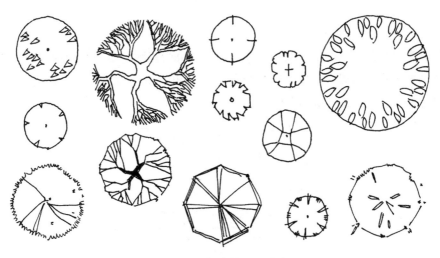

图 3-2-4 阔叶树平面画法

③平面图中多株树木相连时，树冠之间应互相避让。一般避让的原则为小让大、低让高。表示成林树木的平面时则可只勾勒林缘线，如图 3-2-5 所示。当树冠下有花台、花坛、花境或水面、石块和竹丛等较低矮的设计内容时，树木平面不应过于复杂，要注意避让，不要遮挡下面的内容。

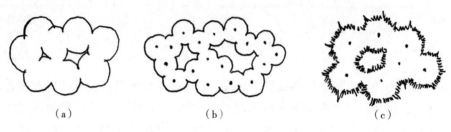

图 3-2-5　树丛、树林的表现

2）灌木的平面表现方法

灌木是无明显主干的木本植物，与乔木不同，灌木植物较低矮，近地面处枝干丛生，具有体形小、变化多、片植多等特点。因此，灌木的平面表现和乔木既有相似之处，也有自己的特点。单株种植灌木的表示方法与乔木相同，即用有一定变化的线条绘出树冠轮廓，并在树冠中心位置画出黑点，表示种植位置；对片植的灌木，则用有一定变化的线条表示灌木的冠幅轮廓，如图 3-2-6 所示。片植在绘图时，利用粗实线绘出灌木边缘的轮廓，再用细实线与黑点表示个体植物的位置。

图 3-2-6　片植灌木的表现方法

3）绿篱的平面表现方法

绿篱有常绿绿篱和落叶绿篱两种。常绿绿篱又分为规则与不规则两种情况。规则绿篱外轮廓线整齐平直，所以一般用带有折口的直线绘出。不规则绿篱由于外轮廓线不整齐，因此用自然曲线绘出，如图 3-2-7 所示。

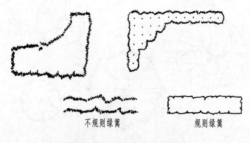

图 3-2-7　绿篱平面画法

4) 草坪的平面表现方法

(1) 打点法

打点法是一种较为简单的表现方法。用打点法画草坪时,所打的点大小应基本一致。在距建筑、树木较近的地方,以及沿道路边缘、草坪边缘位置,点应相对密集一些,而距建筑、树木较远的地方,以及草坪中间位置,点应相对稀疏一些,使图纸看起来有层次感。但无论疏密,点都要打得相对均匀,如图 3-2-8 和图 3-2-9(a)所示。

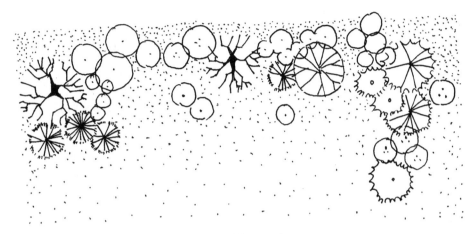

图 3-2-8 草坪的打点法

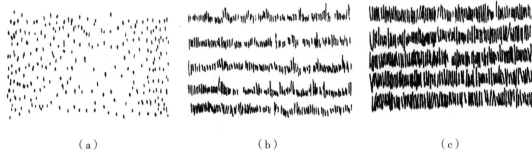

(a) (b) (c)

图 3-2-9 草坪的表现方法

(2) 小短线法

将小短线排列成行,每行之间的距离相近排列整齐,可用来表示草坪,排列不规整的可用来表示草地或管理粗放的草坪,如图 3-2-9(b)所示。

(3) 线段排列法

线段排列法要求线段排列整齐,可稍许留些空白或行间留白。另外,也可用斜线排列表示草坪,排列方式可规整,也可随意,如图 3-2-9(c)所示。

草本地被、草本花卉等地被植物,表现手法与草坪基本一致。

5) 竹类平面表现方法

竹类植物多以丛植为主,其平面画法多用曲线较自由地勾画出其种植范围,并在曲线内画出能反映其形状特征的叶子加以装饰。

2. 植物的立面画法

1)乔木的立面画法

乔木种类繁多,树形千差万别,但每株树都是由枝、干、根、叶等构成,它们的生长规律是主干粗、枝干细,枝干越分越细。学习画树应从单株画起,绘制的步骤可参见图 3-2-10 所示,具体方法在园林手绘表现技法有详细论述,这里不再赘述。

图 3-2-10　乔木立面绘制步骤示意图

乔木的立面表现方法在具体表现形式上有写实式(图 3-2-11)、图案式(图 3-2-12)和抽象式(图 3-2-13)3 种。

2)灌木、草本植物的立面画法

在绘制灌木、草本植物的立面图时,一般只用有一定变化的线、点或简单图形描绘灌木(丛)的树冠轮廓,再在轮廓线内按花叶的排列方向,根据光影效果画出有一定变化的线、点或简单图形,表示出花、叶,分出空间层次表现空间感(图 3-2-14)。

3)绿篱的立面画法

绿篱的立面图可用图案法绘出。绘图时,可根据不同的花卉形状,用线、点、自由曲线、圆形曲线等绘出外轮廓线,然后在外轮廓线内,用上述几种要素和线条描绘出明暗效果。也可用竖线条或竖向交叉线来表示(图 3-2-15)。

图 3-2-11　写实式乔木立面画法

图 3-2-12　图案式乔木立面画法

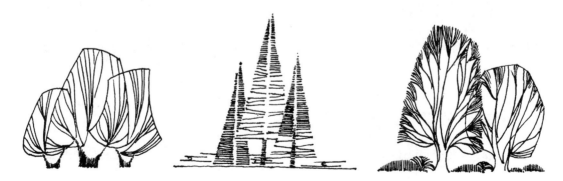

图 3-2-13　抽象式乔木立面画法

图 3-2-14 灌木的立面画法

图 3-2-15 绿篱的立面画法

任务实施

1. 图纸总体布局

①根据植物种植设计图的尺寸以及所用的比例,选择 A3 图幅横式绘制。

②打底稿,用 H 型或 HB 型铅笔,按照选定的图幅要求,用轻细实线画好图纸幅面线、图框线、图纸标题栏。

③大致计算一下,尽量将弦曲园植物种植设计图和种植设计植物统计表合理地布置在图纸中,并留出尺寸标注位置。

2. 绘图

1)画植物种植设计图

①画植物种植设计图中的园路(闻曲路)、水岸线(曲意泉)、假山(叠趣山)、木平台(弦月台)、花池(静心池)、铺装等的平面轮廓,注意区分线宽和线型,如图 3-2-16 所示。

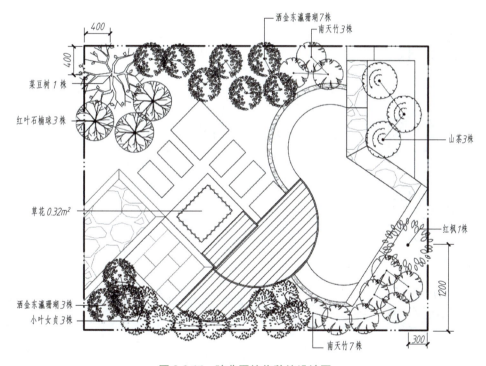

图 3-2-16　弦曲园植物种植设计图

②画各种植物的平面图例。

③进行尺寸标注并注写文字说明。

2)制作种植设计植物统计表

抄绘表 3-2-2 种植设计植物统计表的全部内容,所有文字均用长仿宋体书写。

3)画指北针、注写图名、比例、填写标题栏内容

最终成果如图 3-2-1 所示。

表 3-2-2　种植设计植物统计表

序号	图例	名称	规格	数量	单位
1	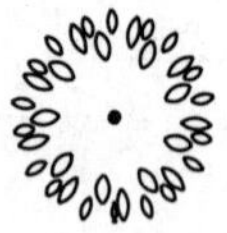	红枫	高 1.0~1.5m	1	株
2		菜豆树	高 1.0~1.5m，胸径 0.08m	1	株
3	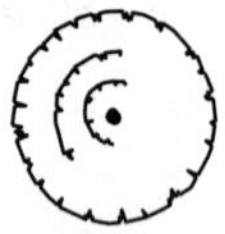	山茶	高 0.5~0.8m，冠径 0.3~0.5m	3	株
4		红叶石楠球	高 0.4~0.5m	3	株
5		洒金东瀛珊瑚	高 0.4m，冠径 0.3m	10	株
6		小叶女贞	高 0.4~0.6m，五分枝	10	株
7		南天竹	高 0.3~0.5m，冠径 0.3~0.4m	10	株
8		草花	篷径 0.2m	80	盆
9		草皮	草卷	10	m²

3. 整理与核对

①工具清洁与整理。

②图纸与相关规范进行核对，检查是否有错误。

考核评价

评价维度	评价标准	分值	自我评价（25%）	同学互评（25%）	教师评价（50%）	得分
规范性	图纸尺寸、比例尺、符号术语、标注正确	20				
	线型、线宽分明	10				
	图例规范、绘图顺序正确	10				
知识性	植物图例正确性、规格准确性、内容完整性	10				
	图中其他园林要素绘制正确	10				
美观性	布局美观、图纸整洁	10				
	工具、材料整理有序	10				
工匠精神	细节处理、植物类型理解、创新元素表现精益求精	10				
增值评价	在学习过程中对植物、对庭院的认识进一步提升	10				
	总分	100				

巩固训练

抄绘图 3-2-3 至图 3-2-9 的各种植物平面画法，以及图 3-2-10 至图 3-2-15 各种植物立面画法。

要求：

（1）用 A3 图纸绘制墨线图，注意布局均匀美观。

（2）图纸中图框图标完整，标题栏中的字体书写规范。

任务 3-3 识读与绘制园路施工设计图

工作任务

识读并在 A3 图纸上绘制弦曲园图纸中园路施工设计图，如图 3-3-1 所示。

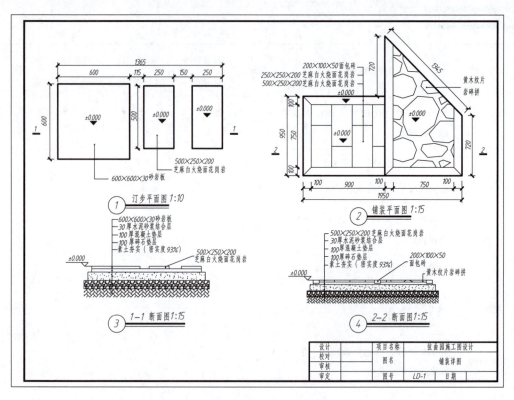

图 3-3-1　园路施工设计图

知识准备

园路在园林中起着组织交通、引导游览、组织景观、划分空间、构成园景的作用。园路施工设计图主要包括园路平面图和纵断面图，用来说明园路的方向和平面位置、线形状况、沿线的地形和地物、纵断面标高和坡度、路基的宽度和边坡、路面结构、铺装图案、路线上的附属构筑物(如桥梁、涵洞、挡土墙)位置等。

园路施工设计图应包括以下内容：

- 指北针(或风玫瑰图)，比例尺，文字说明。
- 道路、铺装的位置，尺寸，主要点的坐标、标高以及定位尺寸。
- 小品主要控制点坐标及小品的定位尺寸。
- 地形、水体的主要控制点坐标、标高及控制尺寸。
- 植物种植区域轮廓。
- 对无法用标注尺寸准确定位的自由曲线园路、广场、水体等，应给出该部分局部放线详图，用放线方格网表示，并标注控制点坐标。

1) 园路施工设计图的内容

(1) 园路平面图

园林平面图主要表示各级园路的平面布置情况。内容包括园路的线形及与周围广场和绿地的关系、随地形起伏的协调变化，以及与建筑设施的位置关系。园路线形应流畅、优美、舒展。地形一般用等高线表示，地物用图例表示，图例画法应符合相关制图标准的规定。

为了便于施工，园路平面图采用坐标方格网控制园路的平面形状，其轴线编号应与总平面图相符，以表示它在总平面图中的位置，如图 3-3-2 所示。另外，也可用园路定位图控制园路的平面位置。

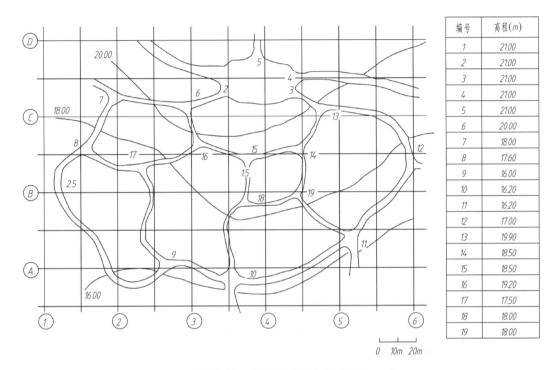

图 3-3-2 某公园园路放线平面图

（2）园路纵断面图

园路纵断面图是假设用铅垂面沿园路中心轴线剖切，然后将所得断面图展开而成的立面图，它表示某一区段园路的起伏变化情况。从上到下分为面层、结合层、基层、垫层和路基，如图 3-3-3 所示。

①面层　面层是地面的最上层，直接与人车接触，受到外在的影响和破坏，面层的选择特别重要。面层材料必须坚固、平稳、耐磨并有一定的粗糙度，以便人车通行和养护。面层材料众多，一般有片块状材料和现浇材料两类。片块状材料有各类砖、切割的石材板块等；现浇材料有水洗石、水磨石、混凝土、沥青等。

②结合层　采用块料面层时，在面层与基层之间的一层为结合层，用于结合、找平、排水。结合层可用水泥干砂或混合砂浆等材料。

③基层　在路基之上，它一方面承受面层传下来的荷载；另一方面将荷载传给路基。因此，它要有一定的强度，一般用碎（砾）石、灰土或各种矿物废渣等筑成，机动车道多用 100mm 厚 C10 以上的混凝土。

④垫层　垫层位于基层之下、路基之上，主要作用是隔水、排水、防冻、改善土基的水温状况、分散荷载，从而减少土基变形等。垫层分为刚性和柔性两类：刚性垫层一般由C7.5～C10的混凝土捣成，它适用于薄而大的整体面层和块状面层；柔性垫层一般用各种散材料，如砂、炉渣碎石、灰土等加以压实而成，它适用于较厚的块状面层。

⑤路基　路基是地面的基础，位于最下层。它是地面荷载的主要承担者，应有足够的强度和稳定性。一般黏土、砂土经夯实可直接做路基，对于未压实的回填土，经过雨水浸润能使其自身沉陷稳定，当其密度≥180g/m³时可作路基。素土夯实，压实度不能小于90%。

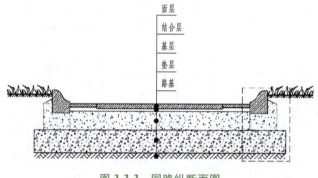

图 3-3-3　园路纵断面图

> 📖 知识拓展

园林常见铺装材料断面图

园路所用的铺装材料非常多，所以形成的园路类型也非常多，常见的有广场砖、花岗岩、沥青、陶砖、卵石、植草砖、橡胶垫等，其断面如图3-3-4至图3-3-11所示。

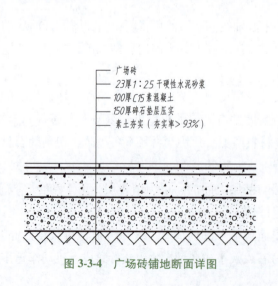

图 3-3-4　广场砖铺地断面详图

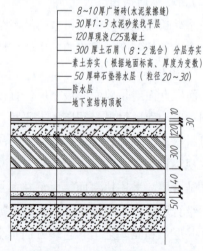

图 3-3-5　车库、架空层铺地断面详图

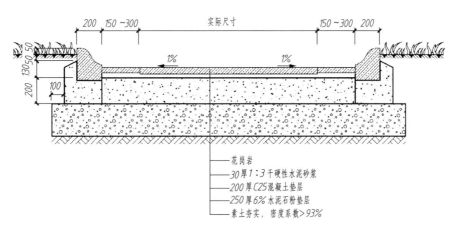

图 3-3-6 花岗岩行车道铺地断面详图

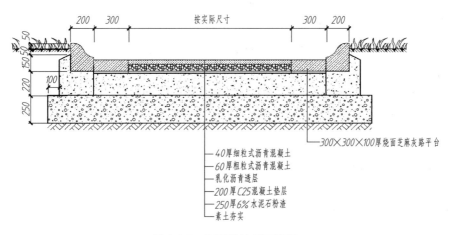

图 3-3-7 沥青铺地断面详图

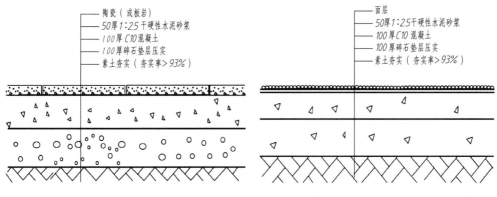

图 3-3-8 陶砖（板岩）铺地断面详图　　图 3-3-9 卵石铺地断面详图

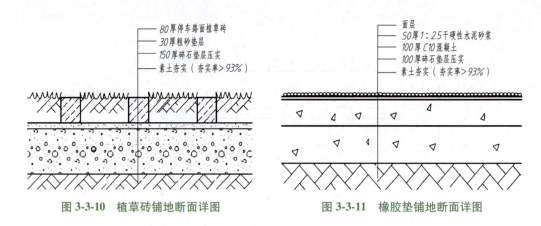

图 3-3-10　植草砖铺地断面详图　　　　图 3-3-11　橡胶垫铺地断面详图

2）园路施工设计图绘制方法

（1）园路平面图的绘制方法

①画定位轴线　如园路平面形状为自然曲线，无法标注各部尺寸，为了便于施工，一般采用方格网控制。方格网的轴线编号应与总平面图相符。

②画出园路平面形状轮廓线。

③标注尺寸及文字说明　标注坐标网格的索引符号、轴线编号、剖切符号，注写图名、比例尺及其他有关文字说明等内容。

④检查全图。

（2）园路断面图的绘制方法

①画出断面图图形控制线。

②画出剖切到的断面轮廓线。

③画出其他细部结构。

④检查底图，加深图线。

⑤标注尺寸及文字说明。注写坐标网格的尺寸数字和必要的尺寸及标高，标注轴线编号、图名、比例尺及有关文字说明。

3）园路施工设计图识读方法

识读方法同假山设计图，详见任务 3-5。

任务实施

1. 图纸总体布局

①在 A3 图幅图纸上打底稿，用 H 型或 HB 型铅笔，按照选定的图幅要求，用轻细实线画好图纸幅面线、图框线、图纸标题栏。

②大致计算一下，留出尺寸线的标注位置，将图大致布置在图纸中部。

2. 绘图

1）绘制园路平面图

①绘制平面图形轮廓线　根据给定图纸识读详图①和详图②各部分的形状和尺寸，完

成汀步平面图和铺装平面图的图形绘制，如图 3-3-12(a)所示。

②标注尺寸及文字说明　根据制图规范要求完成平面图形尺寸标注。首先，标注汀步砂岩板宽度、彼此间距；其次，标注砂岩长度、汀步总尺寸；最后，注写材料规格，如"600×600×30 砂岩板"。按照此方法完成详图②的绘制。绘制剖切符号 1-1，如图 3-3-12(b)所示。

③标注图名和比例尺　绘制详图符号①和详图符号②，注写图名"汀步平面图"和"铺装平面图"，最后注写比例尺"1:10"和"1:15"，如图 3-3-12(c)所示。

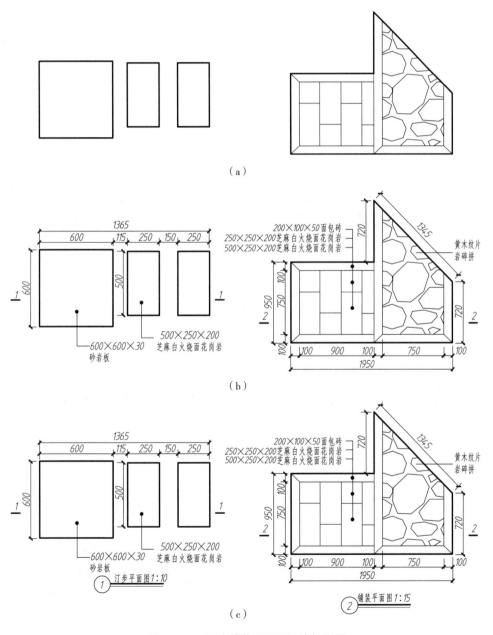

图 3-3-12　园路铺装平面图识读与作图

2) 绘制园路断面图

①绘制断面图形轮廓线　根据给定图纸识读断面图各层结构。例如，1-1 断面中，路基采用素土夯实；垫层采用碎石垫层，厚度为 100mm；基层采用混凝土垫层，厚度为 100mm；结合层采用水泥砂浆，厚度为 30mm；面层采用砂岩板，规格为 600mm×600mm×30mm。

以标高零点为绘图分界线，结合识读的各层结构尺寸，绘制汀步断面图和铺装断面图的轮廓，为了区分各层结构，对其进行图案填充，如图 3-3-13(a)所示。

注意：面层的绘制应对照平面图的宽度和间距。

②标注尺寸及文字说明　标注零点标高"±0.000"。对照园路的层次构造，从上至下(或者从下至上)标注，面层引出线注明"600×600×30 砂岩板""500×250×200 芝麻白火烧面花岗岩"；结合层引出线注明"30 厚水泥砂浆结合层"；基层引出线注明"100 厚混凝土垫层"；垫层注明"100 厚碎石垫层"；路基注明"素土夯实"，如图 3-3-13(b)所示。

③标注图名和比例尺　绘制详图符号③和详图符号④，注写图名"1-1 断面图"和"2-2 断面图"，最后注写比例尺"1∶15"，如图 3-3-13(c)所示。

3. 整理与核对(略)

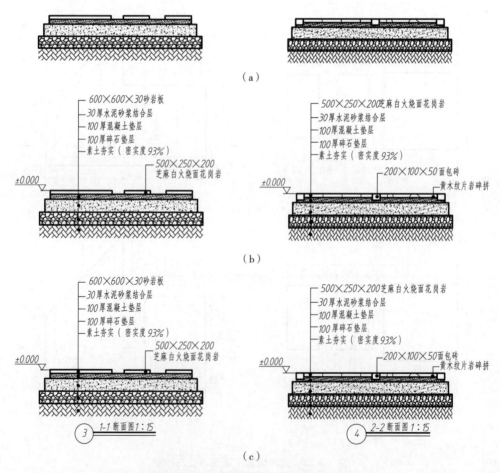

图 3-3-13　园路铺装断面图识读与作图

考核评价

评价维度	评价标准	分值	自我评价（25%）	同学互评（25%）	教师评价（50%）	得分
标准性	图纸尺寸、比例尺、符号术语、标注正确	20				
	线型、线宽分明，符合园路施工图的标准	10				
	图例规范，易辨识	10				
规范性	理解正确性、规格准确性、内容完整性、更新及时性	10				
	绘图顺序正确	10				
美观性	布局美观、图纸整洁	10				
	工具、材料整理有序	10				
工匠精神	园路各图纸细节处理、创新元素精益求精	10				
增值评价	在学习过程中的进步、成长和潜在的发展能力	10				
总分		100				

巩固训练

识别并绘制图 3-3-14 所示园路平面图及图 3-3-15 所示园路断面图。

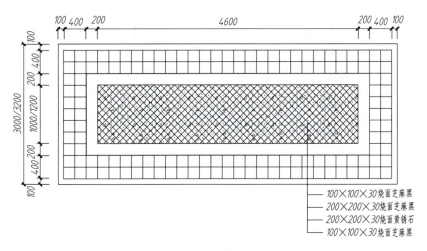

图 3-3-14　园路平面图

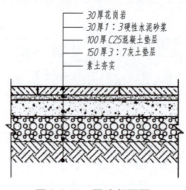

图 3-3-15 园路断面图

要求:
(1)用 A3 图纸绘制墨线图。
(2)图纸中各项符号和图例绘制正确,字体规范。

任务 3-4　识读与绘制园林竖向设计图

工作任务

识读图 3-4-1 所示的某自然式小游园竖向设计图,写出识图报告并抄绘此图。

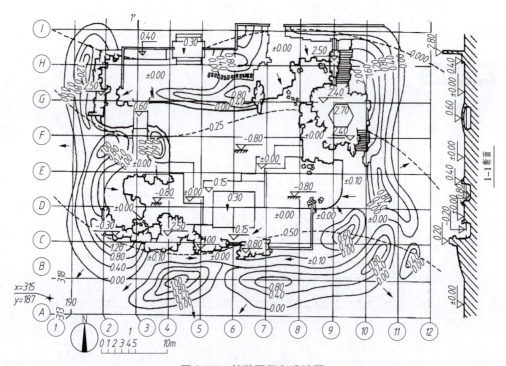

图 3-4-1　某游园竖向设计图

知识准备

1. 标高投影与地形表现

1)标高投影的形成

采用水平投影并标注特征点、线、面的高度数值来表达空间形体的方法,称为标高投影。标高投影是一种单面正投影,投影面为水平面。标注的高程以米为单位,图中不用注明,工程上常采用大地水准面或某一假定的水平面作为投影面。在标高投影中,要确定其空间物体形状、位置,还应注明绘图比例尺。

2)等高线与高程标注法表示地形

等高线法,是利用一组等高差相等的水平面切割地面,将所得的一系列交线(称为等高线)投射在水平投影面上,并用数字标出这些等高线的高程而得到的投影图,如图 3-4-2 所示。等高线也可以看作是不同海拔高度的水平面与实际地面的交线,所以等高线通常是闭合曲线。在等高线上标注的数字为该等高线的海拔高度。地形等高线图只有在标注比例尺和等高线高差后才能表示地形,如图 3-4-3 所示。

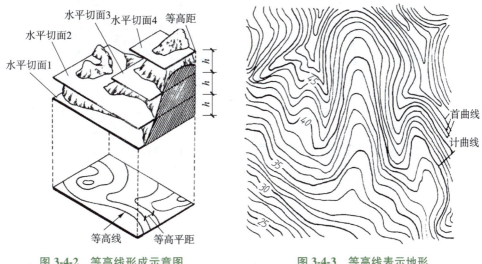

图 3-4-2 等高线形成示意图　　图 3-4-3 等高线表示地形

对不在等高线上的特殊位置点,可用圆点或十字标记这些特殊位置点,并在标记旁注上该点的高程(保留两位有效数值),这种地形表示方法称为高程标注法。高程标注法适用于标注建筑物的底面、转角,坡面的顶面和底面,道路转折处的高程,以及地形图中最高和最低等特殊点的高程。因此,施工准备工作中的场地平整、场地规划等施工图中常用高程标注法,如图 3-4-4 所示。

3)分布法表示地形平缓度

将整个地形的高程划分成间距相等的几个等级,并用同一颜色加以填涂,随高程增加的色度也逐渐由浅变深,这种表示方法在地形分布图中能够直观地表现地形变化,称为分

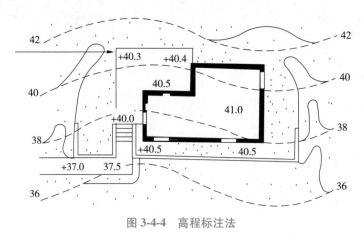

图 3-4-4　高程标注法

布法。分布法主要用于表示用地范围内地形变化的平缓程度、地形的走向和分布情况，如图 3-4-5 所示。

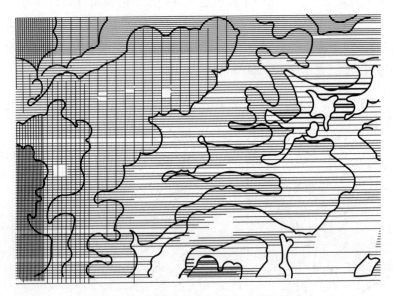

图 3-4-5　用分布法表示地形的平缓程度及走向

4）地形剖面图表现

按照表现内容的不同，地形剖面图可以分为地形断面图、地形剖立面图、地形剖视透视图，如图 3-4-6 所示。

作地形剖面图，先根据选定的比例尺，结合地形等高线作出地形剖断线，然后绘出地形轮廓线，并加以表现，便可得到较完整的地形剖面图。

（1）地形剖断线的做法

首先在描图纸上按比例尺画出间距等于地形等高距的平行线组，并将其覆盖到地形平面图上，使平行线组与剖切位置线吻合，然后借助丁字尺和三角板作出等高线与剖切位置线的交点，如图 3-4-7(a) 所示，再用光滑的曲线将这些点连接起来并加粗、加深，即得地形剖断线，如图 3-4-7(b) 所示。

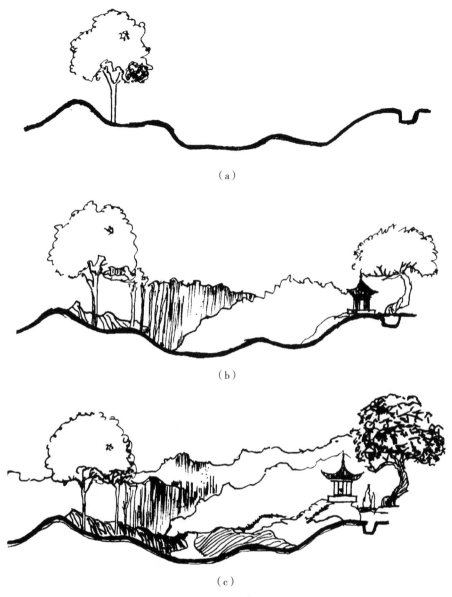

图 3-4-6 地形剖面图表现

(2) 地形轮廓线的做法

在地形剖面图中，除了要表示的地形剖断线外，有时还需要表示虽然未被剖切到但在剖切后仍然可见的内容，此种作图方法称为地形轮廓线法。

画地形轮廓线实际上就是画该地形的地形线和外轮廓线的正投影。如图 3-4-8 所示，图中虚线表示垂直于剖切位置线的地形等高线的切线，将其向下延长与等距平行线组中相应的平行线相交，所得交点的连线为地形轮廓线。树木投影的做法是将所有树木按其所在的平面位置和高程定位到地面上，然后作出这些树木的立面，并根据"前挡后"的原则擦除被挡住的图线，描出留下的图线，即得树木投影。有地形轮廓线的剖面图做法较复杂，若不考虑地形轮廓线，则做法相对容易。因此，在平地或地形较平缓的情况下可不作地形轮廓线，当地形较复杂时应作地形轮廓线。

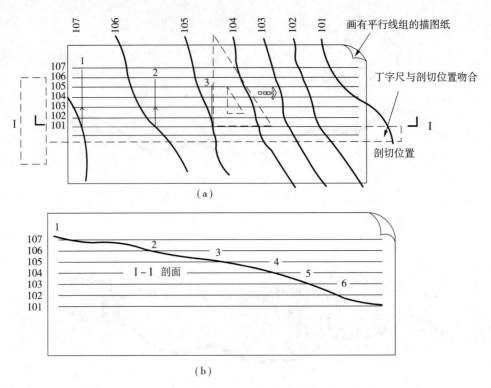

图 3-4-7 地形剖断线的做法

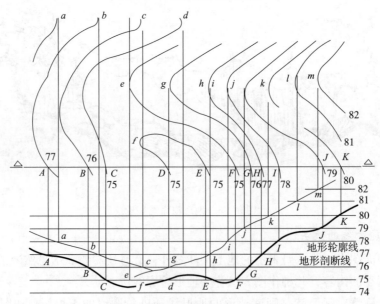

图 3-4-8 地形轮廓线做法示意图

2. 水体的平面、立面表现

1) 水体的特征

水无形,但因其所处环境的不同而变化万千。根据其外形可分为自然式、规则式和混合式三大类。按水流的状态可分为静态水体和动态水体。

2）水体的平面表示方法

水体的平面表现主要是体现出水的缓急、深浅、动静变化，只要掌握其基本特征，就可以采用不同的笔触表现出水体。

在平面图中，水体表现可采用线条法、等深线法、平涂法和添景物法，前 3 种方法主要用于表现水体景观，最后一种则用于表现全景。

（1）线条法

用工具或徒手绘制的平行线条表示水体的方法称为线条法，主要用于表现动静水面，如图 3-4-9 和图 3-4-10 所示。

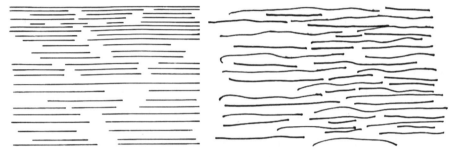

图 3-4-9　静态水体的线条法表现

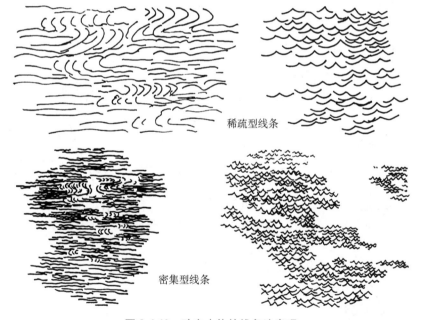

图 3-4-10　动态水体的线条法表现

（2）等深线法

等深线法是通过绘制连接水域中相同深度各点的平滑曲线（即等深线）来展示水体的深度分布和地形起伏。这些等深线可以是闭合的，也可以是不闭合的。如图 3-4-11 所示，用粗实线表示水体的驳岸线，中实线、细实线表示等深线。等深线法通常用于表示自然式水体。

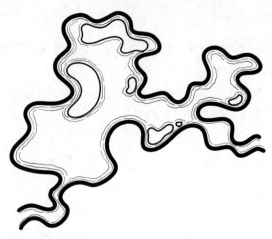

图 3-4-11　等深线法表现自然式水体

(3) 平涂法

用黑色或彩色平涂表示水面的方法称为平涂法。用彩色平涂时，可将水面渲染成类似等深线的效果。先用 2B 铅笔作等深线稿线，等深线之间的间距应比等深线法大些，然后分层渲染，根据实际情况渲染不同深度的色彩。有些情况下也可以不考虑深浅，均匀渲染。此法现在很少使用，所以不作详细介绍。

(4) 添景物法

添景物法是利用与水面有关的一些内容（如水生植物、水上活动设施、码头和驳岸等）表示水面的一种方法，如图 3-4-12 所示。

图 3-4-12　添景物法表现水体

3) 水体的立面表现方法

水体的立面表现方法有线条法、留白法和光影法等。手绘表现各种水景时，注意不要过于具象、复杂，应用简练概括的画法表现出水轻盈流畅的自然形态。

(1) 线条法

线条法是用细实线或虚线勾勒出水体造型的一种水体立面表现方法。线条法在工程设计图中使用得最多。用线条法作图时应注意：落笔方向与水体流动的方向一致；线条清晰流畅，要避免轮廓线过于呆板生硬。

跌水、瀑布、喷泉、溪流等带状水体的表现方法通常用线条法，尤其在立面图上更是常见，其手绘表现形式比较特殊，要注意观察现实环境中的各类水体，抓住其主要特点，并进行概括的手绘表现。瀑布、跌水和喷泉的水流方式不同，手绘线条应与其方向保持一致，具体方法是：在画面中预先留出水流的位置，再用同样方向的线条快速画出水流的背光部，注意线条的疏密与节奏关系。水落到底部时水花四溅，可参考类似的图片资料，将水花概括地表现出来。线条法能够很好地将带状水体的流动感表现出来，如图 3-4-13 所示。

图 3-4-13　线条法表现瀑布、跌水

(2) 留白法

留白法是将水体的背景或配景颜色加深，而水体则不添加任何颜色，通过黑白对比衬托出水体造型的表现技法。留白法是通过受光面的留白等手法体现出水流的体积感，常用于表现所处环境复杂的水体，也可用于表现水体的洁白与光亮或水体的透视及鸟瞰效果，如图 3-4-14 所示。留白法主要用于效果图中。

(3) 光影法

用线条和色块(黑色和深蓝色)综合表现水体的轮廓和阴影的方法称为光影法。光影法主要用于效果图中，如图 3-4-15 所示。

3. 竖向设计图

1) 竖向设计图包含内容

竖向设计是总体规划、方案设计、初步设计等阶段的重要组成部分，需要与各阶段的设计同时进行。竖向设计图是根据园林设计平面图及原地形图绘制的地形平面详图，它表明了地形在竖向上的变化情况，是进行地形改造及土石方预算等工作的依据。在方

图 3-4-14 留白法表现水体

图 3-4-15 光影法表现水体效果

案设计阶段、初步设计阶段和施工图设计阶段,对竖向设计图的图纸表达深度有不同的要求(表 3-5-1)。

表 3-5-1 竖向设计图在不同阶段表达的内容和浓度

设计阶段	图纸表达的基本内容及深度
方案设计阶段	(1)绿地周边毗邻场地原地形等高线及设计等高线 (2)绿地内主要控制点高程;用地内水体的最高水位、常水位、水底标高
初步设计阶段	(1)用地毗邻场地的关键性标高点和等高线 (2)在总平面上标注道路、铺装场地、绿地的设计地形等高线和主要控制点标高 (3)在总平面图上无法表示清楚的竖向设计应在详图中标注 (4)土方量

（续）

设计阶段	图纸表达的基本内容及深度
施工图设计阶段	除初步设计所标注的内容外，还应标注： （1）在总平面图上标注所有工程控制点的标高，包括下列内容：道路起点、变坡点、转折点和终点的设计标高、纵横坡度；广场、停车场、运动场地的控制点设计标高、坡度和排水方向；建筑、构筑物室内外地面控制点标高；工程坐标网络；土方平衡表 （2）屋顶绿地的土层处理，应该做结构剖面

[引自：《风景园林制图标准》（CJJ/T 67—2015）]

2）竖向设计图的表示方法

竖向设计的表示方法主要有设计标高法、设计等高线法和局部剖面法3种。一般来说，平坦场地或对室外场地要求较高的情况常用设计等高线法表示，坡地场地常用设计标高法和局部剖面法表示。

（1）设计标高法（高程箭头法）

如图3-4-16所示，该方法根据地形图上所指的地面高程，确定道路控制点（起止点、交叉点）与变坡点的设计标高和建筑室内外地坪的设计标高，以及场地内地形控制点的标高，并将其标注在图上。设计道路的坡度及坡向，反映为以地面排水符号（即箭头）表示的不同地段、不同坡面地表水的排除方向。

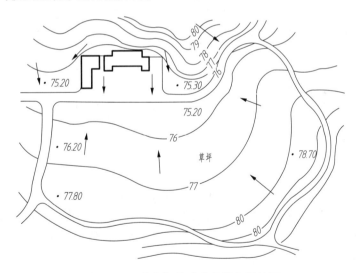

图3-4-16　高程标注法表示竖向设计图

（2）设计等高线法

设计等高线法是用等高线表示设计地面、道路、广场、停车场和绿地等的地形设计情况，如图3-4-17所示。用设计等高线法表示地面设计标高清楚明了，能较完整地表示任何一块设计用地的高程情况。

（3）局部剖面法

该方法可以反映重点地段的地形情况，如地形的高度、材料的结构、坡度、相对尺寸

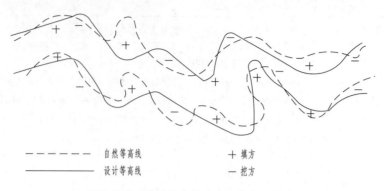

图 3-4-17 设计等高线法表示竖向设计图

等,如图 3-4-18 所示。用此方法表示场地总体布局中的台阶分布、场地设计标高及支撑构筑物设置情况最为直接。对于复杂的地形,必须采用此方法表示设计内容。

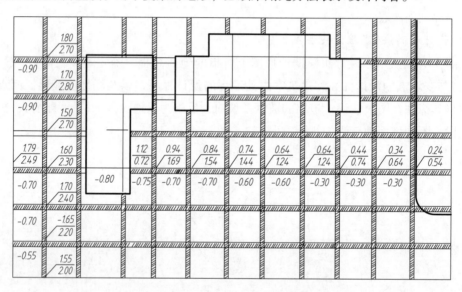

图 3-4-18 局部剖面法表示竖向设计图

在中小型园林工程中,竖向设计一般可以结合在总平面图中表达(图 3-4-19)。但是,如果园林地形比较复杂,或者园林工程规模比较大,在总平面图上就不易清楚地把总体规划内容和竖向设计内容同时表达清楚,这时,则要单独绘制园林竖向设计图。

3) 竖向设计图的识读

①识读图名、比例尺、指北针、文字说明,了解工程名称、设计内容、所处方位和设计范围。

②识读等高线的分布及高程标注,了解地形高低变化、水体深度,并与原地形进行对比,了解土方工程情况。

③识读建筑、山石和道路的高程。

④识读排水方向。

⑤完成识图报告。

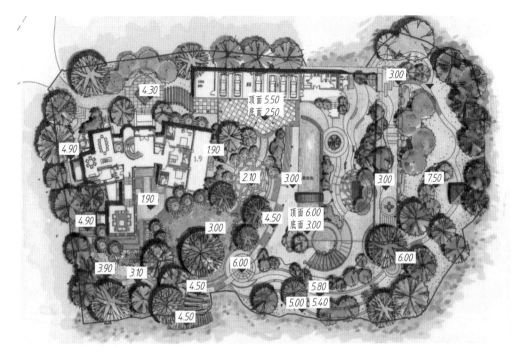

图 3-4-19 某别墅庭院景观方案设计阶段竖向设计图

4) 竖向设计图的绘制

下面以设计标高法和设计等高线法相结合进行竖向设计为例,介绍图纸绘制的要求、表现方法和步骤。

(1) 竖向设计图图纸要求

①图纸平面比例 采用 1∶1000~1∶200,常用 1∶500。

②等高距 设计等高线的等高距应与地形图相同。如果图纸经过放大,则应按放大后的比例尺,选用合适的等高距。一般可用的等高距为 0.25~1.0m。

③图纸内容 根据《总图制图标准》(GB/T 50103—2010)所规定的图例,标明园林各项工程平面位置的详细标高,如建筑、绿化、园路、广场、沟渠等的控制标高;并要表示坡面排水走向。作土方施工用的图纸,要注明进行土方施工各点的原地形标高与设计标高,标明填方区和挖方区,编制土方调配表。

(2) 竖向设计图绘制步骤

①绘制设计地形的等高线,明确地形起伏。

②标注关键点的标高,确保高度信息准确。

③用单边箭头标注排水方向。

④计算土方工程量,平衡挖方与填方,必要时调整局部标高以优化土方平衡。

⑤绘制指北针,注写比例尺等。

⑥编制图例及设计说明。

⑦在关键施工区域(如园路、广场、堆山、挖湖等)绘制剖面图或施工断面图,直观展示标高变化及设计细节,便于施工。

> **任务实施**

1. 识图

①识读图名、比例尺、指北针、文字说明，了解工程名称、设计内容、所处方位和设计范围。

②识读等高线的分布及高程标注，了解地形高低变化、水体深度，并与原地形进行对比，了解土方工程情况。从图3-4-1中可见，该园水池居中，近方形，常水位为-0.20m，池底平整，标高均为-0.80m，游园的东、西、南侧分布坡地土丘，高度在0.6~2m，以东北角最高。结合原地形高程可见，中部挖方较大，东北角填方量较大。

③识读建筑、山石和道路高程　图中六角亭置于标高为2.40m的石山之上，亭内地面标高2.70m，成为全园最高点。水榭地面标高为0.30m，拱桥桥面最高点为0.6m，曲桥标高为0.00m。园内布置假山3处，高度在0.80~2.50m，西南角假山最高。园中道路较平坦，除南部、西部部分路面略高以外，其余均为0.00m。

④识读排水方向　从图3-4-1中可见，该园利用自然坡度排出雨水，山脊线将雨水排放分成两部分，一部分雨水排入中部水池，其余部分排入游园四周后进入周边绿地。

2. 绘图分析

①根据相关标准，结合施工和验收要求，确定竖向设计图中必须包含的内容，除了竖向总平面图外，是否需要做结构断面图等详图。

②根据所需绘制的平面图确定图纸规格，将图纸固定在画板上，使丁字尺的工作边与图纸的水平边平行。

③绘制与总平面图比例尺一致的方格网，必须表现在竖向图中的园林要素。

3. 绘制图纸

绘制步骤参照本任务知识准备中的竖向设计图表现步骤。

> **考核评价**

评价维度	评价标准	分值	自我评价（25%）	同学互评（25%）	教师评价（50%）	得分
规范性	绘制的竖向设计图图纸尺寸、比例尺、符号术语、标注规范	10				
	线型、线宽分明，符合竖向施工图的规范	10				
	绘图顺序正确、报告内容完整	10				
知识性	绘图内容完整、标注正确	15				
	识图报告内容正确、条理清晰	15				

(续)

评价维度	评价标准	分值	自我评价（25%）	同学互评（25%）	教师评价（50%）	得分
美观性	布局美观、图纸整洁，报告排版美观	10				
	工具、材料整理有序	10				
工匠精神	竖向设计图绘制和报告撰写中的细节处理、创新元素表现精益求精	10				
增值评价	在学习过程中对标高投影图认识加深，会识读地形图中的等高线	10				
	总分	100				

巩固训练

正确识读某公园竖向设计图，如图 3-4-20 所示，并按照相关制图标准抄绘此公园竖向设计图[图 3-4-20(c)]。

要求：

(1) 用 A2 图纸绘制。

(2) 图纸中标题栏绘制正确，字体规范；图纸内容完整，图例正确。

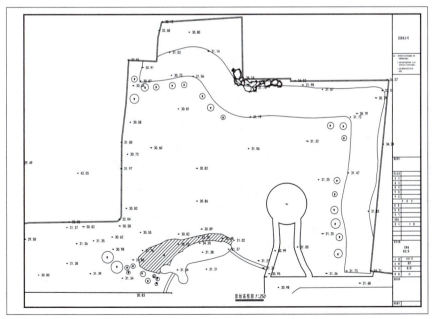

(a) 竖向设计原始高程图

图 3-4-20　某公园竖向设计图

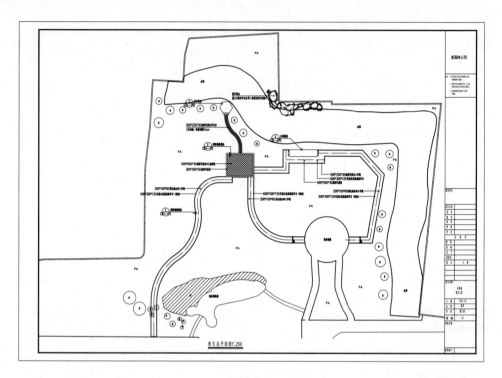

(b)竖向设计索引总平面图

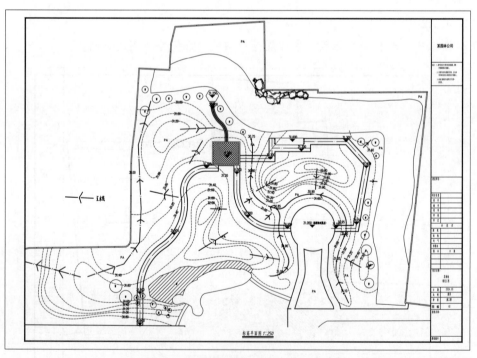

(c)竖向设计标高平面图

图 3-4-20　某公园竖向设计图(续)

任务 3-5　识读与绘制假山、驳岸设计图

工作任务

识读并在 A3 图纸上绘制跌水假山设计图（图 3-5-1 至图 3-5-3），比例尺自定。

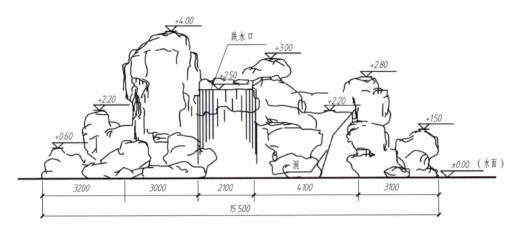

图 3-5-1　跌水假山正立面图

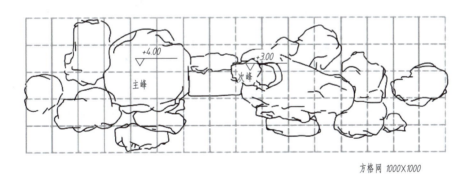

图 3-5-2　跌水假山平面图

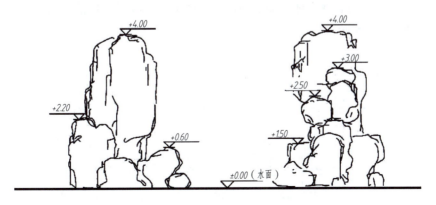

图 3-5-3　跌水假山左、右立面图

> 知识准备

1. 假山设计图

假山是以自然、人工山石等为材料，以自然山水为蓝本并加以艺术提炼，用人工再造的山水景物。假山设计图是指导假山工程施工的技术性文件。

1）假山设计图绘制内容

假山设计图主要包括平面图、立面图、剖(断)面图、基础平面图和基础断面图，对于要求较高的细部，还应绘制详图。

（1）平面图

平面图表示假山的平面布置、各部的平面形状、周围地形和假山在总平面图中的位置，如图3-5-4所示。

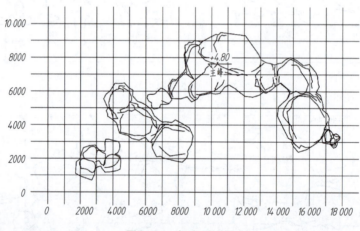

图 3-5-4　假山平面图

（2）立面图

立面图表现山体的立面造型及主要部位高度，与平面图配合，可反映出峰、峦、洞、壑的位置。为了完整地表现山体各面形态，便于施工，一般应绘出前、后、左、右4个方向立面图，如图3-5-5所示。

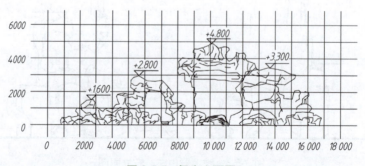

图 3-5-5　假山立面图

(3) 剖面图

剖面图表示假山某处内部构造及结构形式、断面形状、材料、做法和施工要求，如图 3-5-6 所示。

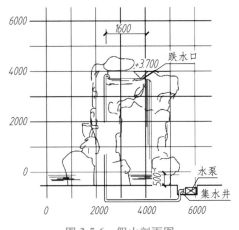

图 3-5-6　假山剖面图

(4) 基础平面和基础断面图

基础平面图表示基础的立面位置及基础形状，较简单时可不画。基础断面图表示基础的构造和做法，当基础结构简单时，可同假山剖面图绘制在一起或用文字说明，如图 3-5-7 所示。

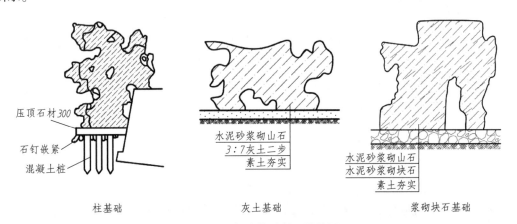

图 3-5-7　假山基础断面结构图

由于山石形状特征比较复杂，没有一定的规则，所以在假山设计图中，没有必要也不可能将各部尺寸精确地注明。一般采用坐标方格网来直接确定尺寸，而只标注一些设计要求较高的尺寸和必要的标高。网格的大小根据所需精度确定，网格坐标的比例尺应与图中比例尺一致。

2) 假山设计图绘制方法

(1) 假山平面图的绘制方法

①画出定位轴线和直角坐标网格　为绘制各高程位置的水平面形状及大小提供绘图控制基准。

②画平面形状轮廓线　根据标高投影法绘制假山底面、顶面及其间各高程位置的水平形状。

③检查底图　按山石的表示方法加深图形。

④注写数字及文字说明　标注坐标网格的尺寸数字和有关高程、轴线编号、剖切符号，注写图名、比例尺及其他有关文字说明等内容。

(2)假山立面图的绘制方法

①画定位轴线　根据立面图的方向画出定位轴线，并画出以长度方向为横坐标、以高度方向为纵坐标的直角坐标网格，作为绘图的控制基准。

②画假山立面基本轮廓　先绘制整体轮廓，再利用切割或垒叠的方法，逐步画出各部分基本轮廓。

③画皴纹，加深图线　根据假山的形状特征、前后层次及阴阳背向、整体轮廓画出皴纹，检查无误后描深图线。

④注写数字及文字　注写坐标网格的尺寸数字、轴线编号、图名、比例尺及有关文字说明。

(3)假山剖面图的绘制方法

①画图形控制线　图中有定位轴线的先画出定位轴线，再画直角坐标网格；不便标注定位轴线的，则直接画出直角坐标网格。

②画剖切到的断面轮廓线。

③画其他细部结构。

④检查底图，加深图线　加深图线时，断面轮廓线用粗实线表示，其他用细实线表示。

⑤标注尺寸及文字说明　注写坐标网格的尺寸数字和必要的尺寸及标高、轴线编号、图名、比例尺及有关文字说明。

3)假山设计图识读方法

(1)假山平面图识读方法

①识读假山的平面位置、尺寸。

②识读山峰、制高点、山谷、山洞的平面位置、尺寸及各处高程。

③识读假山附近地形，建筑、地下管线及其与山石的距离。

④识读植物及其他设施的位置、尺寸。

⑤识读图纸的比例尺一般为1：(20~50)，标注数字的单位为毫米。

(2)识读假山立面图

①识读假山的层次、配置形式。

②识读假山的大小及形状。

③识读假山与植物及其他设备的位置关系。

(3)识读假山剖面图

①识读假山各山峰的控制高程。

②识读假山的基础结构。
③识读管线位置、管径。
④识读植物种植池的做法、尺寸、位置。

2. 驳岸设计图

驳岸是在园林水体与陆地交界处，为稳定岸壁、保护湖岸不被冲刷或水淹所设置的构筑物。园林驳岸也是园景的组成部分。在古典园林中，驳岸往往用自然山石砌筑，与假山花木结合，共同组成园景。驳岸必须结合所在具体环境的艺术风格、地形地貌地质条件、材料特性、种植特色以及施工方法、技术经济要求来选择其结构形式，在实用、经济的前提下注意外形的美观，使其与周围景色相协调。根据驳岸在园林景观中的断面形状不同，可以将其分为整形式驳岸和自然式驳岸两种。根据其施工材料结构不同，主要分为钢筋混凝土驳岸、毛石驳岸、生态驳岸。

驳岸设计图包括驳岸平面图及断面详图。

1) 驳岸设计图绘制内容

(1) 驳岸平面图

驳岸平面图表示驳岸线的位置及形状。对构造不同的驳岸应进行分段（分段线为细实线，应与驳岸垂直），并逐段标注详图索引符号，如图 3-5-8 所示。

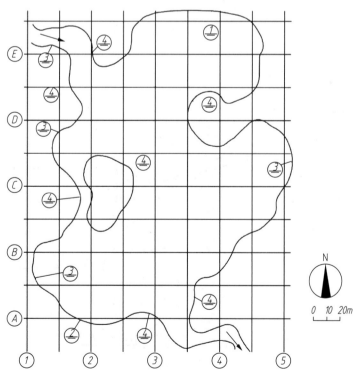

图 3-5-8　驳岸平面图

(2) 驳岸断面详图

驳岸断面详图表示某一区段的构造、尺寸、材料、做法要求及主要部位(岸顶、常水位、最高水位、最低水位、基础底面)，如图3-5-9至图3-5-11所示。

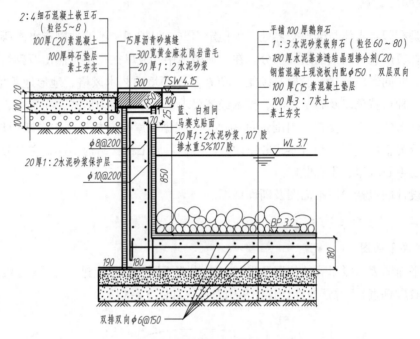

图 3-5-9　钢筋混凝土驳岸断面图

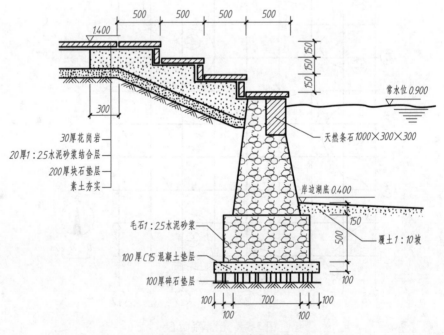

图 3-5-10　毛石驳岸断面图

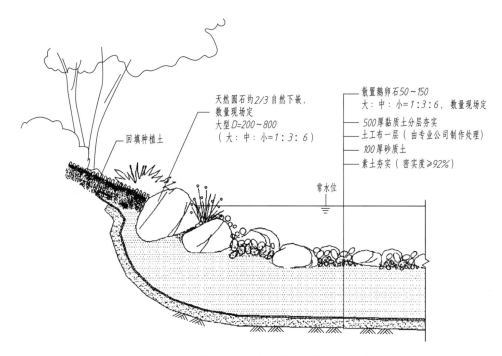

图 3-5-11　生态驳岸断面图

2)驳岸设计图的绘制方法

(1)平面图的绘制方法

①画定位轴线和直角坐标网格　由于驳岸线平面现状多为自然曲线,无法标注各部尺寸,为了便于施工,一般采用方格网控制。方格网的轴线编号应与总平面图相符。

②画出驳岸平面形状轮廓线。

③检查底图。

④注写数字及文字说明　标注坐标网格的索引符号、轴线编号、剖切符号,注写图名、比例尺及其他有关文字说明等内容。

(2)驳岸剖面图的绘制方法

①画图形控制线。

②画剖切到的断面轮廓线。

③画其他细部结构。

④检查底图,加深图线　加深图线时,断面轮廓线用粗实线表示,其他线用细实线表示。

⑤标注尺寸及文字说明　注写坐标网格的尺寸数字和必要的尺寸及标高、轴线编号、图名、比例尺及有关文字说明。

3)驳岸设计图识读方法

识读方法同假山设计图。

> 任务实施

1. 图纸总体布局

①根据图形的尺寸及图纸的大小（A3 图幅），选定绘图比例为 1∶100。

②打底稿，用 H 型或 HB 型铅笔，按照选定的图幅要求，用轻细实线画好图纸幅面线、图框线、图纸标题栏。

③大致计算一下，留出尺寸线的标注位置，将图大致布置在图纸中部。

2. 绘图

1）绘制假山平面图

步骤详见本任务知识准备中的假山平面图绘制方法。需要注意以下 3 点：

①直角坐标网格尺寸为 1000×1000，如图 3-5-12(a) 所示。

②依据轮廓画出皴纹，如图 3-5-12(b) 所示。

③要分别标注主峰和次峰高程，注写图名、比例尺及其他有关文字说明等内容，如图 3-5-12(c) 所示。

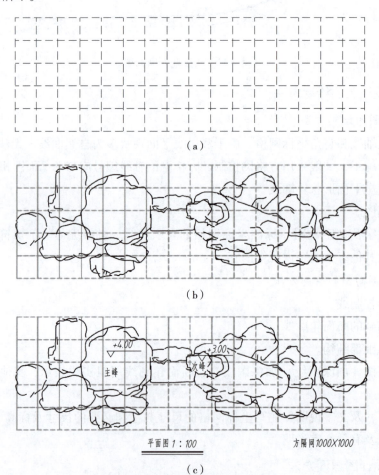

图 3-5-12　假山平面图绘制过程

2)绘制假山立面图

步骤详见本任务知识准备中关于绘制假山立面图的方法。注意事项同前假山平面图,绘制过程如图 3-5-13(a)~(c)所示。

3. 整理与核对(略)

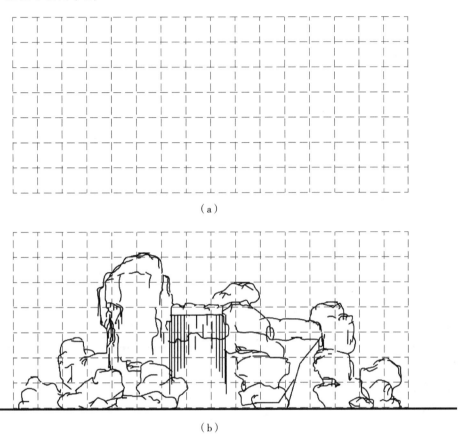

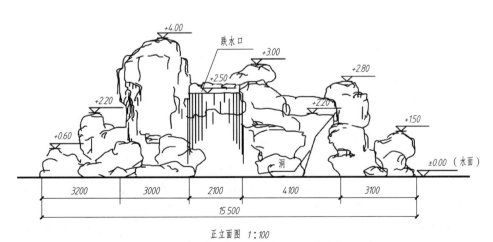

图 3-5-13 假山立面图绘制过程

考核评价

评价维度	评价标准	分值	自我评价（25%）	同学互评（25%）	教师评价（50%）	得分
规范性	绘制的竖向设计图图纸尺寸、比例尺、符号术语、标注规范	10				
	线型、线宽分明，符合假山施工图的制图规范	10				
	绘图顺序正确、假山图纸内容完整	10				
知识性	绘图内容完整、标注正确	15				
	假山结构与标注正确	15				
美观性	布局美观、图纸整洁	10				
	工具、材料整理有序	10				
工匠精神	假山施工设计图绘制中细节处理、创新元素表现精益求精	10				
增值评价	在学习过程中对假山、驳岸认识加深，对传统假山有一定了解	10				
	总分	100				

巩固训练

识别并绘制图 3-5-14 所示驳岸正立面图及侧立面图。

要求：

（1）用 A3 图纸绘制。

（2）图纸中各项符号和图例绘制正确，尺寸标准和字体规范。

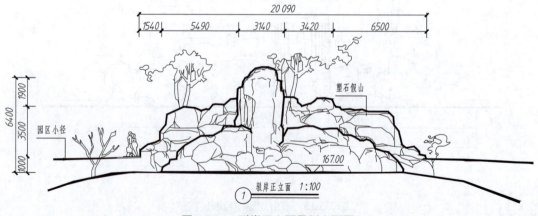

图 3-5-14　驳岸正立面及侧立面图

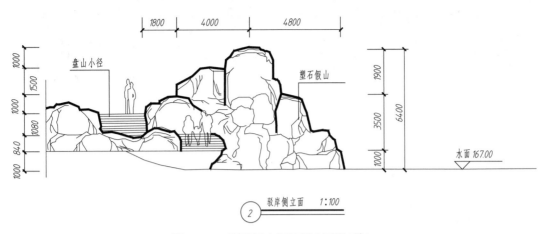

图 3-5-14 驳岸正立面及侧立面图(续)

项目 4　园林效果图的绘制

学习目标

【知识目标】
1. 了解轴测图的成图原理,掌握各种轴测图的作图方法;
2. 了解透视图的成图原理;
3. 了解透视图的基本种类和作图方法;
4. 了解各种透视图在园林中的应用,掌握常规透视图的作图方法。

【技能目标】
1. 会正确绘制中小型园林景观的效果图;
2. 会根据周边环境添加配景,增加小型园林效果图画面的完整性;
3. 会合理选择园林轴测图的使用范围和观赏角度;
4. 会正确绘制指定位置的一点透视效果图和两点透视效果图;
5. 会绘制简单的园林整体效果图。

【素质目标】
1. 具有科学思维能力和实事求是、公平公正、吃苦耐劳的工作态度;
2. 培养规范及标准意识、安全意识、质量意识、信息素养及创新精神;
3. 培养较强的集体意识和团队合作精神,能够进行有效的人际沟通和协作;
4. 培养耐心细致的工作作风和严谨的工作态度;
5. 培养爱岗敬业和精益求精的工匠精神。

任务 4-1　绘制轴测图

工作任务

根据如图 4-1-1 所示弦曲园平面图,在 A3 图纸上绘制弦曲园的轴测图,并写出其绘制步骤。

知识准备

1. 轴测图形成

前几个项目中都采用多面正投影图来表达物体,如图 4-1-2(a)所示,它可以完整确切地表达出物体各部分的形状和大小,且作图方便、度量性好,但这种图样不能直观地反映物体的空间形状,缺乏立体感。

项目 4　园林效果图的绘制　147

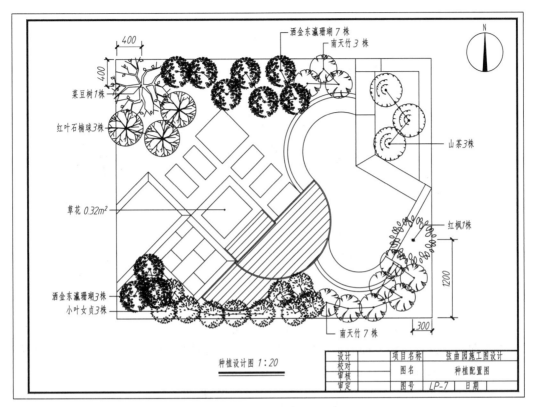

图 4-1-1　弦曲园平面图

利用平行投影法绘制的轴测图能够同时反映出物体长、宽、高 3 个坐标面的形状，使图形接近于人们的视觉习惯，具有立体感强、形象逼真的优点，但不能确切地表达物体原来的形状与大小，如图 4-1-2(b)图所示，且作图较复杂，因而轴测图在工程上一般仅用作辅助图样。

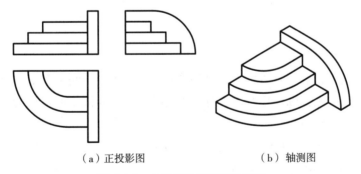

（a）正投影图　　　　（b）轴测图

图 4-1-2　台阶正投影图和轴测图

如图 4-1-3 所示，用一组平行投影线按某一特定方向，将物体长、宽、高 3 个方向的尺寸一起投射在投影面上，形成具有一定立体感的单面投影图称为轴测图。

2. 轴测图的相关概念和分类

1）相关概念

①轴测轴　空间物体的 3 个坐标轴 OX、OY、OZ 在投影面上的投影 O_1X_1、O_1Y_1、

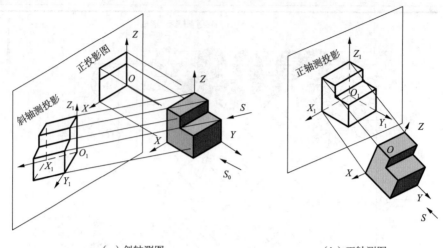

(a)斜轴测图　　　　　　　　(b)正轴测图

图 4-1-3　轴测图的形成

O_1Z_1 称为轴测轴。

②轴间角　每两个轴测轴之间的夹角称为轴间角，如 $\angle X_1O_1Y_1$、$\angle Y_1O_1Z_1$、$\angle X_1O_1Z_1$。

③轴向伸缩系数　轴测轴的单位长度与相应直角坐标轴上单位长度的比值，分别称为 X、Y、Z 轴的轴向伸缩系数(即比例)，分别用 p、q、r 表示，计算公式如下：

$$X \text{ 轴的伸缩系数 } p = \frac{X_1O_1}{XO}$$

$$Y \text{ 轴的伸缩系数 } q = \frac{Y_1O_1}{YO}$$

$$Z \text{ 轴的伸缩系数 } r = \frac{Z_1O_1}{ZO}$$

2)分类

(1)根据投影方向与投影面是否垂直分类

根据投影方向与投影面是否垂直，可将轴测投影分为斜轴测图和正轴测图两大类。

形体两个方向的坐标轴与投影面平行，投射线与投影面倾斜所形成的轴测图，称为斜轴测图，如图 4-1-3(a)所示。

形体长、宽、高 3 个方向的坐标轴与投影面倾斜，投射线与投影面垂直所形成的轴测图，称为正轴测图，如图 4-1-3(b)所示。

(2)根据轴向伸缩系数是否相等分类

根据轴向伸缩系数是否相等，可分成以下 3 种不同的形式，如图 4-1-4 所示：

①$p=q=r$，3 个轴向伸缩系数相等，称为正(或斜)等轴测图，简称正(或斜)等测。

②$p=q\neq r$ 或 $p=r\neq q$ 或 $q=r\neq p$，任意两个轴向伸缩系数相等，称为正(或斜)二等轴测图，简称正(或斜)二测。

③$p\neq q\neq r$，3 个轴向伸缩系数都不相等，称为正(或斜)三测轴测图，简称正(或斜)三测。

此外,在斜轴测图中,若使轴测投影面平行正立坐标面 OXZ 或水平坐标面 OXY,则可在有关名称前再加"正面"或"水平"两字,如正面(或水平)斜二等轴测图。

```
                ┌─ 正轴测图 ─ 正等轴测图 p=q=r
                │            正二等轴测图 p=r≠q
                │            正三轴测图 p≠r≠q
轴测图
                └─ 斜轴测图 ─ 斜等轴测图 p=q=r
                             斜二等轴测图 p=r≠q
                             斜三轴测图 p≠r≠q
```

图 4-1-4　轴测图分类

3. 轴测图的投影特性

由于轴测图是用平行投影法绘制的,所以具有平行投影的特性。

物体上相互平行的线段,轴测投影仍相互平行;平行于坐标轴的线段,轴测投影仍平行于相应的轴测轴,且同一轴向所有线段的轴向伸缩系数相同。

物体上不平行于轴测投影面的平面图形,在轴测图上变成原形的类似性。如正方形的轴测投影可能是菱形,圆的轴测投影可能是椭圆等。

4. 正轴测图

1) 正等轴测图

(1) 正等轴测图的概念和伸缩系数

空间形体的 3 个坐标轴与轴测投影面的倾斜角相等时,轴间角相等,轴向伸缩系数也相等,这样得到的正轴测投影即为正等轴测图,简称正等测。

经三角函数计算,可知:

$$p=q=r\approx 0.82$$

为了画图方便,常简化为 1,即简化系数为 $p=q=r\approx 1$。按这种方法画出的正等轴测图,各轴向的长度分别为实际的 1.22 倍(1/0.82),但形状没有改变,如图 4-1-5 所示。

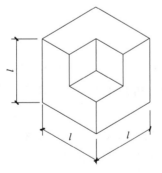
(a) 按简化轴向伸缩系数绘制

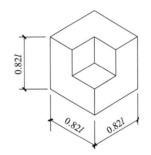
(b) 按实际轴向伸缩系数绘制

图 4-1-5　物体的正等轴测图

同理,正等轴测图中的轴间角 $\angle X_1O_1Y_1 = \angle Y_1O_1Z_1 = \angle X_1O_1Z_1 = 120°$。作图时,通常将 OZ 轴画成铅垂方向,其余两轴与水平线的夹角为 30°。可直接用 60°直角三角板和丁字尺配合作图(图 4-1-6)。工程中常用的是正等轴测图和斜二轴测图。在轴测图中,为使画出的图形清晰,通常不画虚线。

(2)正等轴测图基本作图方法

①分析形体,确定绘图方案。

②合理布局,在合适的位置上画出正等轴测图的轴测轴(坐标轴)。

③按伸缩系数1:1,在 H 面描俯视图或在 V 面描主视图(注意:与坐标轴平行的线视作轴的平行线进行绘制)。

④确定形体轮廓。若抄绘俯视图,主要关注形体的垂直高度(Z 轴方向),即沿 OZ 轴绘制形体的顶部和底部轮廓;若抄绘主视图,需要根据形体的实际结构,在 Y 轴或 X 轴方向上绘制形体的宽度或长度轮廓。注意:Z 轴方向始终是铅垂方向,表示形体的垂直高度;Y 轴方向或 X 轴(根据主视图情况)表示形体的宽度或长度,其绘制方向可以是前后或左右,具体取决于形体的实际摆放和视图选择;在绘制时,要确保所有与坐标轴平行的线段都保持平行,并按照1:1的比例进行缩放。

⑤核对图形的准确性和完整性。

⑥上墨线加粗,清理图面,填写标题栏。

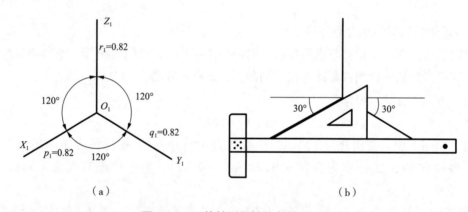

图 4-1-6　正等轴测图轴的参数和画法

(3)平面几何体的正等轴测图画法

①简单几何体正等轴测图画法。

【例 4-1-1】　六棱台的正立面和水平面视图如图 4-1-7(a)所示,求作六棱台的正等轴测图。

作正六棱台的正等轴测图时,可用坐标法作出正六棱柱台上各顶点的正等轴测投影,将相应的顶点连接起来即得到正六棱台的正等轴测图。

作图步骤:

①分析视图,在正投影图中选择顶面中心 O 作为坐标原点,并确定画图方案,如图 4-1-7(a)所示。

②在合适的位置上画互为120°的轴测轴,如图 4-1-7(b)所示。

③在 OX 轴上取 $Of=Oc=x_1/2$,得 f、c 两点,用坐标法在 Y 轴上作 X 轴平行线,

画出顶面线段 ab、cd，然后将各点连成六边形，如图 4-1-7(c)所示。

④向下立高，如图 4-1-7(d)所示。

⑤利用平行原理作出底面的各个可见点的轴测投影，如图 4-1-7(e)所示。

⑥核对图形的准确性和完整性，擦去多余图线，加深可见棱线，即得到正六棱台的正等轴测图，如图 4-1-7(f)所示。

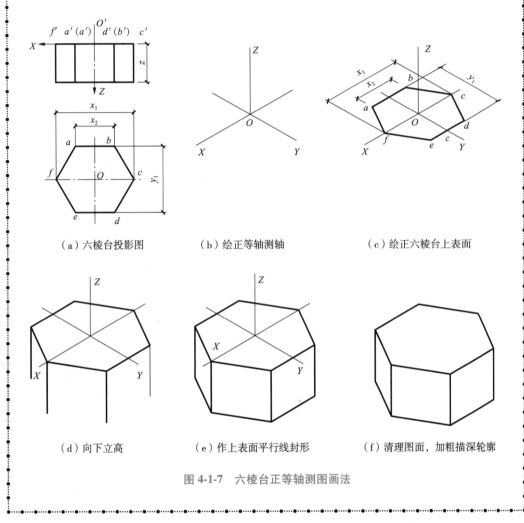

(a) 六棱台投影图　　(b) 绘正等轴测轴　　(c) 绘正六棱台上表面

(d) 向下立高　　(e) 作上表面平行线封形　　(f) 清理图面，加粗描深轮廓

图 4-1-7　六棱台正等轴测图画法

②组合体正等轴测图画法　组合体正等轴测图的绘制需基于形体的细致分析，确定合适的视图（主视图、俯视图或左视图）作为作图基准。原则上，应依据各坐标轴的平行线投影特性进行绘制。当某一视图包含斜线时，优先从该视图入手，以确保斜线在轴测图中能准确表达。根据形体的层次和结构，逐一绘制高度与宽度，单层结构可统一方向绘制，多层结构则需区分不同方向进行。绘制过程中，需确保轴测图能够真实反映组合体的三维形态与结构特征。

【例 4-1-2】 如图 4-1-8 所示,已知花池平面图和剖面图,求作花池的正等轴测图。

作图步骤:

①分析视图,在正投影图中选择右上角为坐标原点 O,并确定作图方案。

②绘制轴测轴,按 1∶1 抄绘平面图。注意,线条应平行轴测轴进行绘制,如图 4-1-9(a)所示。

③向下沿 Z 方向立高,如图 4-1-9(b)所示。

④利用平行原理作出底面各个可见点的轴测投影,如图 4-1-9(b)所示。

⑤绘制材质图案。

⑥核对图形的准确性和完整性,擦去多余图线,加深可见棱线,即得到该视图的正等轴测图,如图 4-1-9(c)所示。

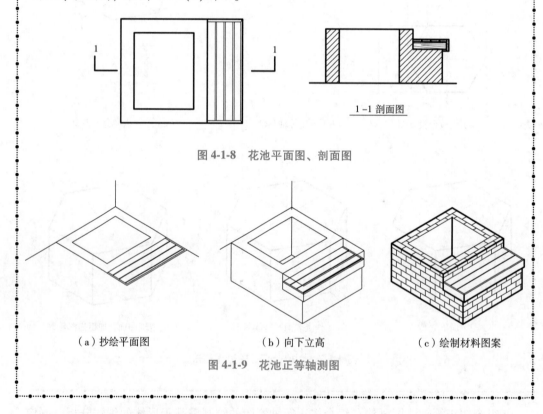

图 4-1-8 花池平面图、剖面图

(a)抄绘平面图　　(b)向下立高　　(c)绘制材料图案

图 4-1-9 花池正等轴测图

(4)曲面体的正等轴测图画法

常见的曲面体有圆柱、圆锥、圆球等。在画它们的正等轴测图时,首先要画出曲面体中平行于坐标面曲面的正等轴测图,然后画出整个曲面体的正等轴测图。

①平行于坐标面的圆的正等轴测图画法　平行于坐标面的圆,其正等轴测图是椭圆。画图时常用菱形四心圆弧法和坐标法。

a. 菱形四心圆弧法:菱形四心圆弧法是用光滑连接的 4 段圆弧代替椭圆曲线,作图时需求出这 4 段圆弧的圆心、切点及半径。

【例 4-1-3】 用菱形四心圆弧法作图 4-1-10(a)所示水平圆的正等轴测图。

作图步骤:

① 以圆心 O_1 为坐标原点,O_1X_1、O_1Y_1 为坐标轴,作圆的外切正方形,找出 a、b、c、d 4 个切点,如图 4-1-10(b)所示。

② 画出轴测轴,用水平圆半径 R 在坐标轴上找出 6 个点,其中 4 个为切点 A、B、C、D,另外两个为短轴的圆心 O_1、O_2,如图 4-1-10(c)所示。

③ 过上述点作圆外切正方形的正等轴测图(菱形),如图 4-1-10(d)所示。

④ 连接 O_1C 和 O_1D、O_2A 和 O_2B 分别交于 O_3、O_4 两点,则 O_3、O_4 为长轴圆弧的圆心,如图 4-1-10(e)所示。

⑤ 分别以 O_1、O_2、O_3、O_4 为圆心,到各切点为半径画弧,即得到近似椭圆,如图 4-1-10(f)所示。

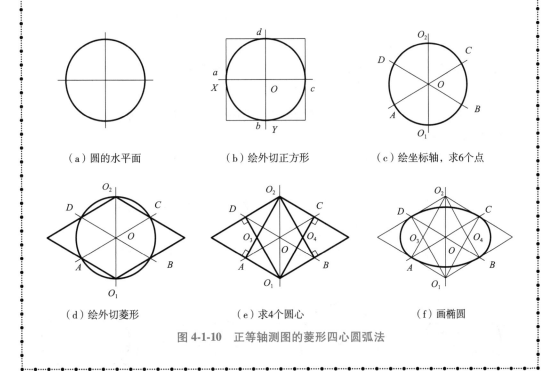

(a) 圆的水平面　　　(b) 绘外切正方形　　　(c) 绘坐标轴,求6个点

(d) 绘外切菱形　　　(e) 求4个圆心　　　(f) 画椭圆

图 4-1-10　正等轴测图的菱形四心圆弧法

位于正立面和侧立面位置圆的轴测图画法与上述方法相同,如图 4-1-11(a)所示。注意:正立面圆的轴测图中短轴的圆心在 Y 轴上,侧立面短轴圆心在 X 轴上,水平面短轴圆心在 Z 轴上。

实际工作中,也可以采用长轴 $1.22d$ 和短轴 $0.7d$ 进行绘制,如图 4-1-11(b)所示。

b. 坐标法:根据圆周直径方向,在轴测投影面上,沿轴测轴作出对应的等分线,然后将这些等分点用圆滑曲线连成封闭的图形,这种方法称为坐标法。

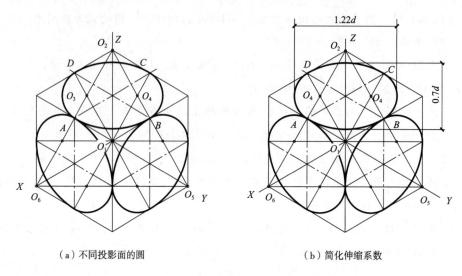

(a) 不同投影面的圆　　　　　　　　(b) 简化伸缩系数

图 4-1-11　不同投影面圆的正等轴测图画法

【例 4-1-4】　用坐标法作图 4-1-12(a)所示圆的正等轴测图。

作图步骤：

①在圆的平面图上平行于 X 轴等间距做 Y 轴等分线，分别得到各坐标点 1、2、3、4、5、6，如图 4-1-12(a)所示。

②画轴测轴，用圆的半径求出圆的 4 个切点(象限点) A、B、C、D，如图 4-1-12(b)所示。

③按 Y 轴的等分点作 X 轴的平行线，求出各坐标点 $1'$、$2'$、$3'$、$4'$、$5'$、$6'$，如图 4-1-12(c)所示。

④依次用圆滑曲线将各坐标点连接起来，得到椭圆，如图 4-1-12(d)所示。

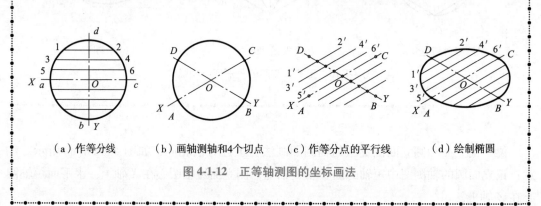

(a) 作等分线　　(b) 画轴测轴和4个切点　　(c) 作等分点的平行线　　(d) 绘制椭圆

图 4-1-12　正等轴测图的坐标画法

c. 八点法：根据圆的 4 个切点和圆外切正方形对角线的 4 个交点的位置，将各等分点连成封闭曲线的方法称为八点法，如图 4-1-13 所示。

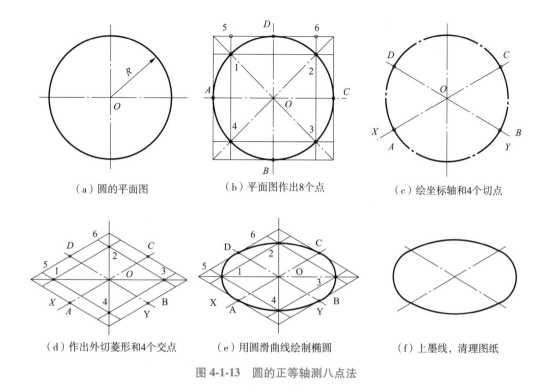

图 4-1-13 圆的正等轴测八点法

②回转体的正等轴测图画法。

【例 4-1-5】 画出图 4-1-14(a)所示半圆木平台的正等轴测图。

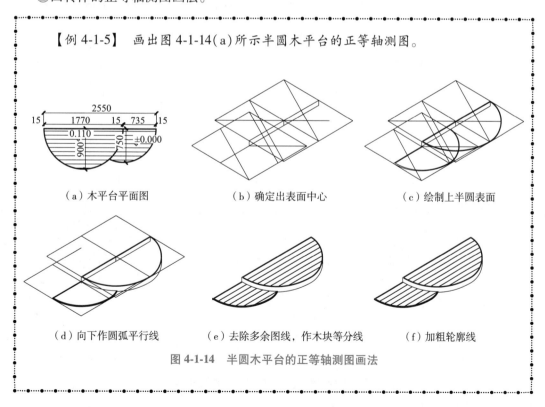

图 4-1-14 半圆木平台的正等轴测图画法

作图步骤：

①画轴测轴，根据木平台的高，确定左右平台上表面的中心，如图 4-1-14(b)所示。

②根据菱形四心圆弧法作出上表面的菱形和圆心，根据圆心画出上表面完整半椭圆弧，如图 4-1-14(c)所示。

③根据平台高向下绘圆弧的平行圆弧(圆心向下平移，半径不变)，如图 4-1-14(d)所示。

④擦去多余图线，作上表面木块的等分线，如图 4-1-14(e)所示。

⑤检查图形无误，加深外轮廓线，即得到圆柱的正等轴测图，如图 4-1-14(f)所示。

【例 4-1-6】 画出图 4-1-15(a)所示小景墙的正等轴测图。

作图步骤：

①在正投影图中选定坐标原点和坐标轴，按正等轴测图的方法 1∶1 抄绘俯视图，如图 4-1-15(b)所示。

②按主视图的高，绘制景墙方体部分，如图 4-1-15(c)所示。

③根据圆柱孔和柱的位置，用菱形四心圆弧法做出圆柱孔和圆柱，如图 4-1-15(d)所示。

④擦去多余作图线，根据圆柱的圆心和正四棱台突出的位置，画出正四棱台的前表面，然后向后作平行线，作出正四棱台的厚度，如图 4-1-15(e)所示。

⑤检查图形，加深可见轮廓线，即得到小景墙的正等轴测图，如图 4-1-15(f)所示。

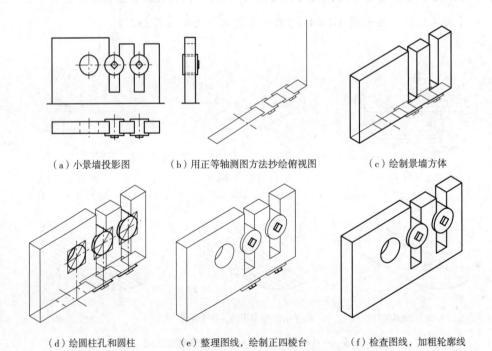

(a)小景墙投影图　　(b)用正等轴测图方法抄绘俯视图　　(c)绘制景墙方体

(d)绘圆柱孔和圆柱　　(e)整理图线，绘制正四棱台　　(f)检查图线，加粗轮廓线

图 4-1-15　小景墙的平面投影和正等轴测轴图的画法

③轴测图上交线的画法　轴测图上的交线可以用坐标法和辅助平面法画出，下面以坐标法示例。

【例 4-1-7】　如图 4-1-16 所示，已知被截切后圆柱的两面投影，求作其正等轴测图。

①在两面投影图中作等分线，并标上数字，如图 4-1-16(a)所示。

②画轴测轴，按菱形四心圆弧法作出圆柱体，如图 4-1-16(b)所示。

③根据 X 方向的等分点，作出立面图的等分高度线，高度线上分别作出圆周的等分线 12、34、56(沿 Y 方向作平行线)，以及右侧长方形截面，如图 4-1-16(c)所示。

④用圆滑曲线将等分点连接起来，如图 4-1-16(d)所示。

⑤检查图形无误后，擦去多余图线，加深可见轮廓线，在截切面上画均匀的线条，即得到截切圆柱的正等轴测图，如图 4-1-16(e)所示。

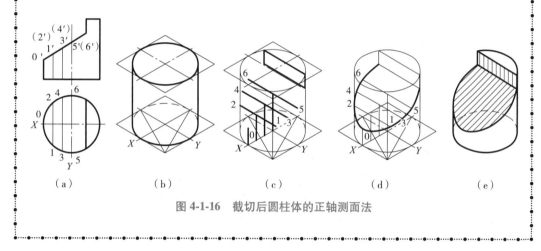

图 4-1-16　截切后圆柱体的正轴测面法

④复杂曲线的正等轴测图画法　园林设计中有一些自然式的景观设计会用到不规则曲线，对简单的曲线可采用坐标法(也叫截距法)求其正等轴测图，如图 4-1-17 所示。

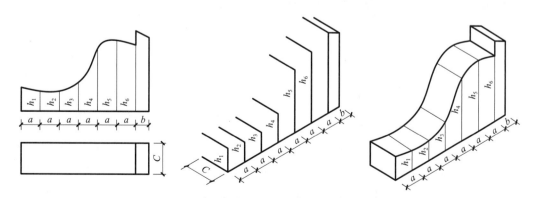

图 4-1-17　截距法求曲线的正等轴测图画法

对复杂的图形通常采用网格法，具体做法如下：

·在平面图上根据需要绘制方格网，并在行列间标注数字和字母，如图4-1-18(a)所示。

·按照正等轴测图的绘制方法绘制网格，并在行列间标注数字和字母以方便找点。根据平面图形在网格的位置确定点，然后用圆滑曲线将点连接起来，如图4-1-18(b)所示。

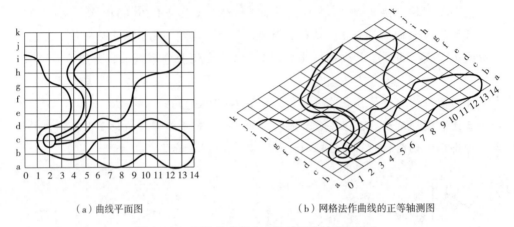

(a) 曲线平面图　　　　　　(b) 网格法作曲线的正等轴测图

图 4-1-18　网格法求复杂曲线的正等轴测图画法

2) 正二等轴测图

使物体3个互相垂直的坐标轴中的两个坐标轴与轴测投影面的倾斜角度相同，这样得到的轴测图为正二等轴测图，简称正测，如图4-1-19所示。在正二等轴测图中，与轴测投影面倾斜角相同的两个轴的伸缩系数相等，3个轴间角也有两个相等。

图4-1-19是常用的一种正二等轴测图的轴测轴，Z轴为铅垂线，X轴与水平线夹角为$7°10'$（或用图中所示$1:8$的方式近似画法），Y轴与水平线的夹角为$41°25'$（或用图中所示$7:8$的方式近似画出）。Z轴、X轴与轴测投影面的倾斜角相同，它们的伸缩系数也相同，为0.94（可简化为1），Y轴的轴向伸缩系数为0.47（可简化为0.5），即$p=r=0.94\approx1$，$q=0.47\approx0.5$。用简化系数作出的图，轴向长度为实际投影的1.06倍（1/0.94）。正二等轴测图作图较正等轴测图复杂，但图形的直观效果好。

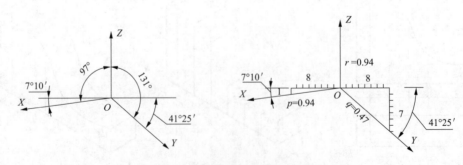

图 4-1-19　正二等轴测图轴测轴和伸缩系数

【例 4-1-8】 如图 4-1-20(a)(b)所示，已知四方亭的两面投影，作其正二等轴测图。

作图步骤：

①确定坐标轴，绘制轴测轴，如图 4-1-20(c)所示。

②抄绘亭子平台和 4 根柱的平面图，注意 Y 轴的伸缩系数为 0.5，如图 4-1-20(d)所示。

③亭子平台向下立高，作上表面的平行线封形，如图 4-1-20(e)所示。

④亭柱向上立高，绘出柱子的 3 个面，并利用柱子外侧作出平行四边形，向外绘制亭顶平面，如图 4-1-20(f)所示。

⑤檐口向上立高，作出亭顶边，如图 4-1-20(g)所示。

⑥连接亭平台对角线，利用中心交点立亭顶高度，连接亭顶点与顶边 4 个角点，画出四棱锥亭顶，如图 4-1-20(h)所示。

⑦检查无误，清理图线，加粗轮廓，如图 4-1-20(i)所示。

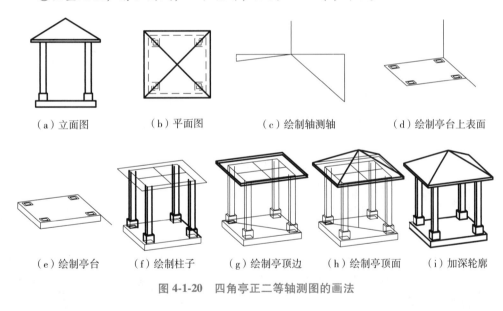

图 4-1-20　四角亭正二等轴测图的画法

5. 斜轴测图

轴测投影面平行于某一个投影面（如 VZZ 面或 H 面），投射方向倾斜于轴测投影面时，得到的轴测图为斜轴测图。常用的斜轴测图有两种，分别为正面斜轴测图和水平斜轴测图，如图 4-1-21 所示。

1) 正面斜轴测图

当空间形体的一个坐标面平行于轴测投影面（V 面），而投影线 S 与轴测投影面倾斜时，所得到轴测图称为正面斜轴测图，也叫正面斜二测图。

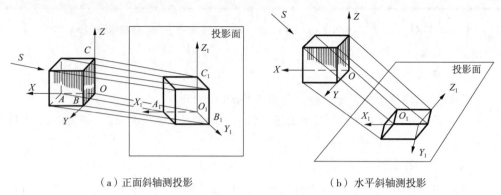

（a）正面斜轴测投影　　　　　　　　（b）水平斜轴测投影

图 4-1-21　斜轴测图

由于 XOZ 坐标面平行于正立面，轴间角 $\angle X_1O_1Z_1=90°$，轴向伸缩系数 $p=r=1$，物体表面的正平面上的所有图形在正面斜轴测图中反映真实形状，作图比正等测图方便，如图 4-1-22 所示。正面斜轴测图取 $q=0.5$，O_1Y_1 轴与水平线夹角为 $45°$。图形对称时，Y 轴可向左或向右；不对称时，Y 轴方向朝向有缺口方向效果会好些。

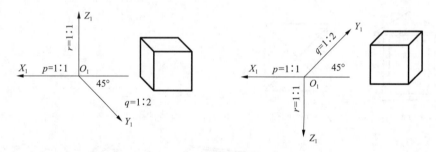

图 4-1-22　正面斜轴测图参数

正面斜轴测投影平行于正立面，它反映实形，X 轴与 Z 轴夹角依然为 $90°$，X 和 Z 轴的伸缩系数是 1，OY 轴的伸缩系数随 OY 与 OX 的夹角而变化，当 OY 与 OX 夹角为 $45°$ 时，Y 轴伸缩系数为 0.5。

【例 4-1-9】　如图 4-1-23（a）所示，已知台阶的正立面投影和水平投影图，求作其正面斜轴测图。

作图步骤：

①分析视图，确定绘图方案，如图 4-1-23（a）所示。

②在合适的位置绘轴测轴，如图 4-1-23（b）所示。

③按 1∶1 抄绘主视图，如图 4-1-23（c）所示。

④向 Y 轴方向立宽且宽度减半，如图 4-1-23（d）所示。

⑤依次连接各端点，形成与主视图平行的台阶立面，如图 4-1-23（e）所示。

⑥清理多余图线并检查图形，确定无误后加粗轮廓线，结果如图 4-1-23（f）（g）所示。

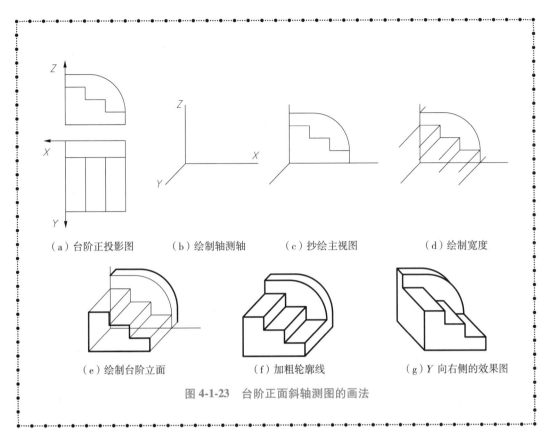

图 4-1-23 台阶正面斜轴测图的画法

画正面斜轴测图的方法、步骤与正等轴测图基本相同。但是平行于坐标面的正面斜轴测图画法，与平行于坐标面的圆的正等轴测图画法不同。平行于 V 面的圆的正面斜轴测图测仍为大小相同的圆，平行于 H 面和 W 面的圆的正面斜轴测图是椭圆，椭圆采用八点法作图，如图 4-1-24 所示。

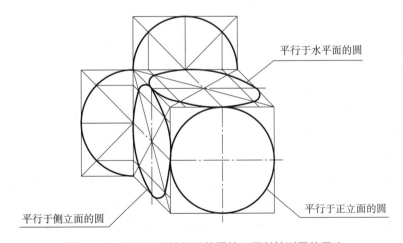

图 4-1-24　平行不同投影面的圆的正面斜轴测图的画法

2) 水平斜轴测图

当空间形体的底面平行于水平面，而且以该水平面作为轴测投影面时，所得到的斜轴测投影图称为水平斜轴测图，简称水平斜二测图。图 4-1-25(a) 为水平斜轴测图的形成。

(1) 水平斜轴测图的特点和系数

空间形体的坐标轴 OX 和 OY 平行于水平的轴测投影面，所以 OX 和 OY 或平行 OX 及 OY 方向的线段的轴测投影长度不变，即系数 $p_1=q_1=1$，其轴间角为 $90°$。坐标轴 OZ 与轴测投影面垂直。由于投射线方向 S 是倾斜的，轴测轴 O_1Z_1 则是一条倾斜线，如图 4-1-25(b) 所示。但习惯上仍将 O_1Z_1 画成铅垂线，而将 O_1X_1 和 O_1Y_1 相应偏转一个角度，如图 4-1-25(c) 所示。变形系数 r_1 应小于 1，但为了简化作图，通常仍取 $r_1=1$。

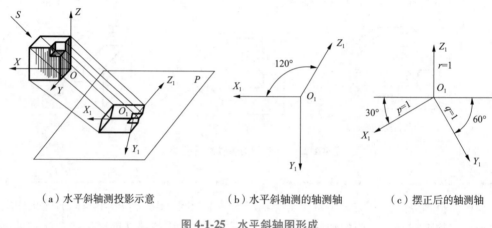

(a) 水平斜轴测投影示意　　(b) 水平斜轴测的轴测轴　　(c) 摆正后的轴测轴

图 4-1-25　水平斜轴图形成

(2) 水平斜轴测图的画法

水平斜轴测图在绘制时只需将俯视图转动一个角度（如 $30°$），然后在平面图的转角处作垂线立高封形，即可画出其水平斜轴测图。

【例 4-1-10】　如图 4-1-26(a) 所示，已知某建筑的平面图形，求作其水平斜轴测图。

作图步骤：

① 分析视图，确定绘图方案。

② 绘水平斜轴测轴，按 1∶1 抄俯视图，如图 4-1-26(b) 所示。

③ 以图 4-1-26(b) 为基平面，基平面以下建筑沿铅垂方向（Z 轴的负方向）向下立高，如图 4-1-26(c) 所示。

④ 基平面以上建筑沿铅垂方向（Z 轴的正方向）向上立高，如图 4-1-26(d) 所示。

⑤ 清理多余图线并检查图形，确定无误后加粗轮廓线，结果如图 4-1-26(e) 所示。

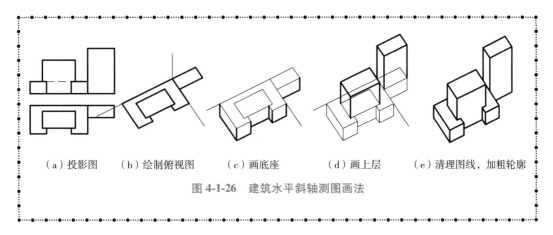

(a) 投影图　　(b) 绘制俯视图　　(c) 画底座　　(d) 画上层　　(e) 清理图线，加粗轮廓

图 4-1-26　建筑水平斜轴测图画法

3) 轴测图的选择

在作轴测图时，采用哪种方向、哪种轴测图，可以根据以下方面进行选择：

(1) 图形要完整、清晰，充分显示出该形体的各个主要部分，不要有遮挡

如正面有孔洞或槽口，如图 4-1-27 所示，正等轴测图效果较差，正二等轴测图和正面斜轴测图效果较好，但从方便绘图角度宜选正面斜轴测图。

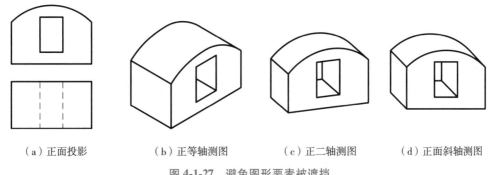

(a) 正面投影　　(b) 正等轴测图　　(c) 正二轴测图　　(d) 正面斜轴测图

图 4-1-27　避免图形要素被遮挡

(2) 图形要富有立体感，避免图线贯通，避免图形重叠

轴测图都可根据正投影图来绘制，在正投影图中如果物体的表面有与水平方向成 45°角的线，不应采用正等轴测图。这种方向的平面在轴测图上将积聚为一条直线，削弱了图形的立体感，如图 4-1-28(b) 所示，因此采用斜二等轴测图或正二等轴测图立体感较好，如图 4-1-28(c)(d) 所示。

(3) 作图简便

正等轴测图可以直接用 30°三角板作图，方法简便，一般情况下应用广泛。正二等轴测图立体感较强，但作图方法较正等轴测图复杂。当形体在某一平面上有曲线或复杂曲线时，宜采用斜轴测图，因为斜轴测图中有一个面的投影不发生变形，如平行于正立面的圆或曲线，其斜二等轴测图反映实形，如图 4-1-29(a)、图 4-1-28(b) 所示。用正等轴测图会较复杂和烦琐，用正面斜轴测投影绘图较方便。但在用斜二等轴测图画水平圆柱时会发现圆柱体变形失真较严重，这时宜用正等轴测图。在作园林设计全园效果图时，可考虑采用水平斜轴测图，在作建筑效果图时可考虑采用正面斜轴测图。

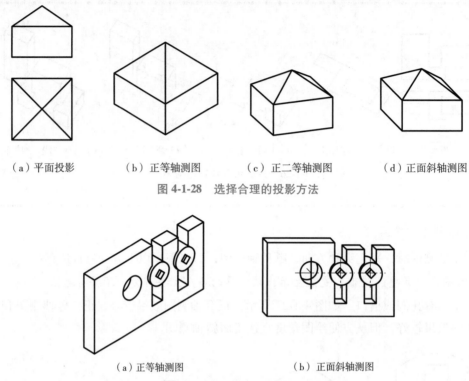

(a）平面投影　　（b）正等轴测图　　（c）正二等轴测图　　（d）正面斜轴测图

图 4-1-28　选择合理的投影方法

(a）正等轴测图　　　　　（b）正面斜轴测图

图 4-1-29　作图简便的选择

(4) 合理选择投影方向

一般选择正立面的方向绘制轴测图，主视图选择时以最能反映形状特征的面作为投影面，如图 4-1-30(a) 的效果比图 4-1-30(b) 效果更佳。

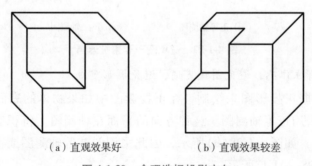

(a）直观效果好　　　　　（b）直观效果较差

图 4-1-30　合理选择投影方向

4) 轴测图在园林中的应用

(1) 景观效果图

在园林设计平面中往往有较多的曲线，如园路、广场铺装、水面、绿化等，在轴测图的表达中采用方格网的方法绘制轴测图，如图 4-1-31 所示。

(2) 安装示意图

园林行业中的一些建筑小品，可统一定制，工厂生产加工后到现场安装即可。为了方便工人安装，一般都会配备安装工序图，如图 4-1-32 和图 4-1-33 所示。

(a)立面图

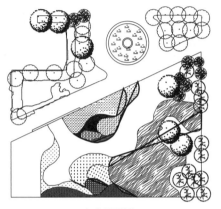

(b)平面图

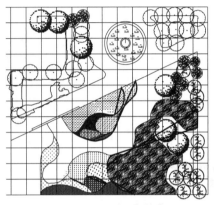

(c)在平面图上绘制网格

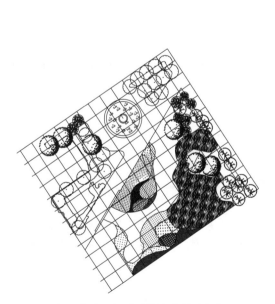

(d)将平面图用水平斜轴测图方法抄绘

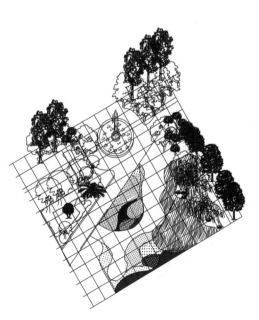

(e)水平斜轴测图

图 4-1-31　小景观水平斜轴测图

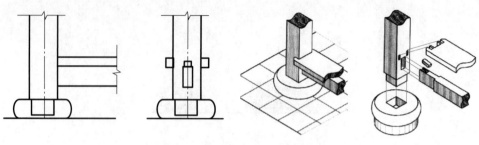

图 4-1-32　某花架柱脚正等轴测图

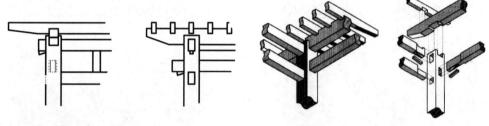

图 4-1-33　某花架柱头正等轴测图

🍃 任务实施

1. 图纸总体布局

①固定图纸、打底稿，画好图纸幅面线、图框线、图纸标题栏。

②确定轴测图种类，计算绘图比例尺。

2. 绘图

1）旋转30°后按比例抄绘平面图

主要包括换算尺寸、确定绘图方案、绘制弦曲园平面图的水平斜轴测图，结果如图4-1-34所示。

2）立高

根据平面图的标高，按比例尺绘制形体高度，如图4-1-35所示。

3）添加周围道路及材质等要素

根据各要素的材质，用细实线进行绘制，如图4-1-36所示。

4）添加植物及环境细节等

根据构图需要，可依据实际情况，适当添置景物（包括植物配置、道路等）。为使效果图生动，也可适当添置行人、车辆等。注意添置时景物的尺寸应与墙体的尺寸比例协调，如图4-1-37所示。

5）上墨线，上色

清理图面，检查整图的正确性。确认无误后，对效果图进行上墨。墨线完全干燥后，将整图的图面用橡皮清理干净。进行上色时可以先在草稿纸上试一下效果，切莫直接上色，以免不理想时不便更改。

6）填写标题栏

注写图名、比例尺、标题栏，如图4-1-38所示。

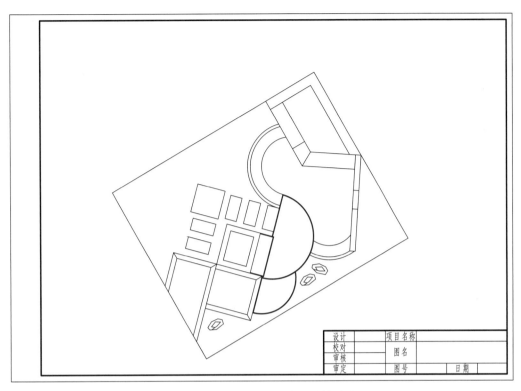

图 4-1-34　弦曲园平面水平斜轴测图

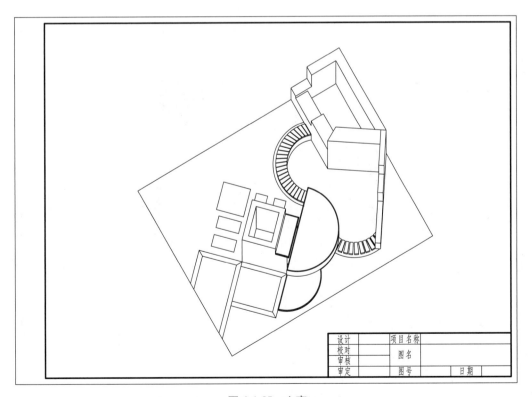

图 4-1-35　立高

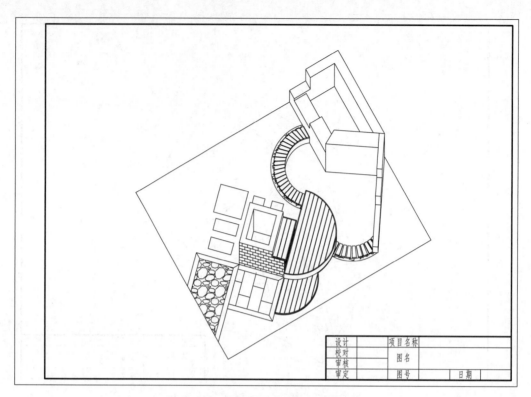

图 4-1-36　添加周围道路及材质等要素

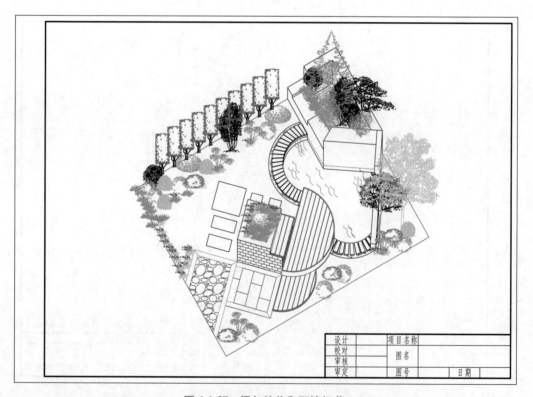

图 4-1-37　添加植物和环境细节

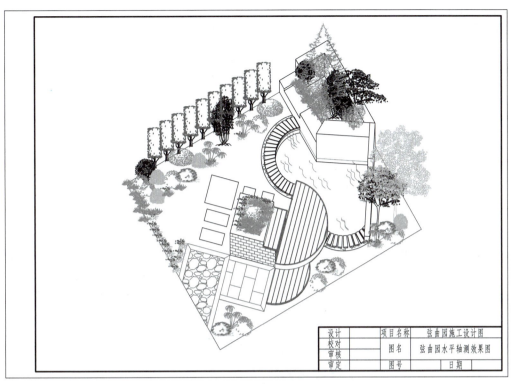

图 4-1-38　填写标题栏

考核评价

评价维度	评价标准	分值	自我评价（25%）	同学互评（25%）	教师审评（50%）	得分
标准性	轴测图坐标合理、比例尺适宜、大小适当	20				
	线型、线宽分明，符合轴测图的绘图标准	10				
	绘图顺序正确，轴测图内容完整	10				
知识性	绘图内容完整、标注正确	10				
	假山结构与标注正确	10				
美观性	布局美观、图纸整洁	10				
	工具、材料整理有序	10				
工匠精神	轴测图绘制中细节处理表现出精益求精的工匠精神，绘图过程中体现创新	10				
增值评价	在学习过程中对园林要素有进一步认识，对园林美的欣赏能力提高	10				
总分		100				

📝 **巩固训练**

1. 根据图 4-1-39 所示水池平面图，在 A3 图纸上绘制其正等轴测图。
2. 根据图 4-1-40 所示景墙三面投影图，在 A3 图纸上绘制其正面斜轴测图。

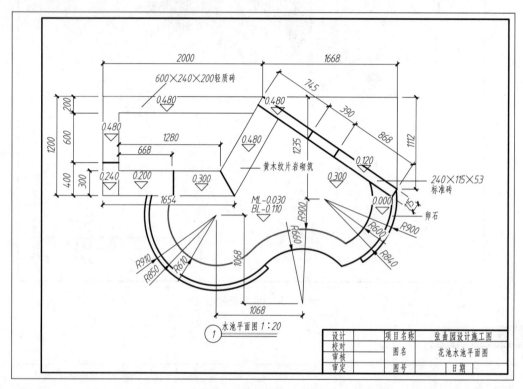

图 4-1-39　水池平面图

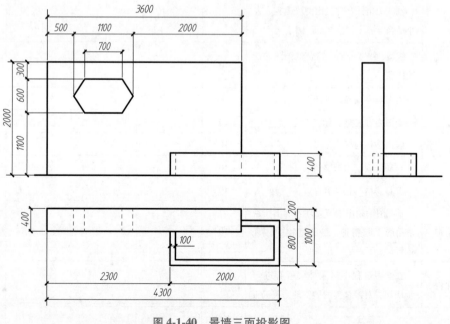

图 4-1-40　景墙三面投影图

任务 4-2　绘制透视效果图

工作任务

根据图 4-2-1 所示的弦曲园平面图，结合景物特征自定高度，在 A3 图纸上分别绘制花池的一点透视效果图和两点透视效果图。

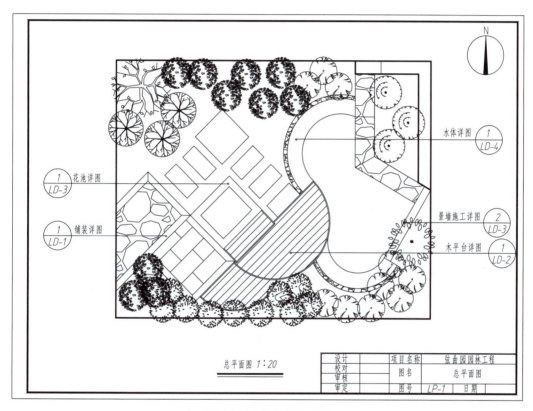

图 4-2-1　弦曲园平面图

知识准备

1. 透视原理

1）透视的形成和规律

（1）透视的形成

近大远小，近高远低，是人们在日常生活中常见的现象。假设透过一个透明的画面观看物体，那么观看者的视线与画面相交所形成的图形就是透视图，如图 4-2-2 所示。

透视中常用的专业术语及符号如图 4-2-3 所示。

①基面　放置景物的水平面，常用符号 G 表示。

②画面　透视图所在的平面。画面一般垂直于基面，常用符号 P 表示。

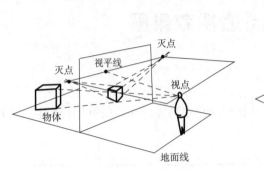
图 4-2-2　透视的形成示意图

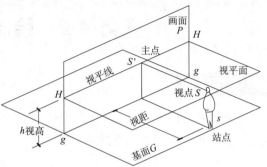
图 4-2-3　透视图的常用术语及符号

③基线　基面和画面的交线，常用符号 $g\text{-}g$ 表示。
④视点　人眼所在的位置，相当于投射中心，常用符号 S 表示。
⑤站点　观察者的站立点，视点在基面上的正投影，常用符号 s 表示。
⑥主视线　垂直于画面的视线，也称为中心视线，常用符号 SS' 表示。
⑦主点　视点 S 在画面 P 上的正投影，也是中心视线 SS' 与画面的垂足，常用符号 S' 表示。
⑧视高　人眼的高度，即视点到站点的距离，常用符号 h 表示。
⑨视距　视点到画面的距离。
⑩视平面　过视点所作的水平面。
⑪视平线　视平面与画面的交线，常用符号 $H\text{-}H$ 表示。

直线上所有与画面不平行且无限延伸的线段，在透视投影中最终汇聚于画面上的一个点，这个点被称为该直线的灭点（消失点），常用字母 F 表示，消失点和视点连线与画面的交点用 f 表示。

（2）透视的规律
①点的透视仍为一个点，点位于画面上时，透视为其本身。
②直线的透视一般仍为直线，直线上点的透视，必在该直线的透视上。
③平行于画面的直线组，没有灭点。
④位于画面上的直线，它的透视与直线本身重合且反映实长。
⑤与画面相交的平行直线组必有共同的灭点，水平线的灭点必位于视平线上。

2）透视形式

（1）一点透视

当形体的一个主要面与画面平行，则该面的水平线平行于画面，竖直线垂直于画面，而所有非平行且非垂直的斜线则在画面中向一个共同的消失点汇聚，形成具有深度感和立体感的透视，这种透视称为一点透视，也称为平行透视，如图 4-2-4 所示。

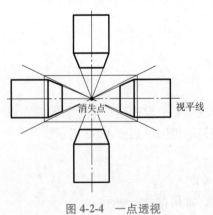
图 4-2-4　一点透视

（2）两点透视

物体仅有垂直线平行于画面，而水平线倾斜并聚焦于两个灭点（消失点）时所形成的透视，称为两点透视，又称成角透视，如图4-2-5所示。

（3）三点透视

在画面中，物体不仅具有两个水平方向的灭点（通常位于视平线上），还包含一个位于画面之外的、与画面保持垂直的主视线相交的第三个灭点，这种透视称为三点透视，如图4-2-6所示。

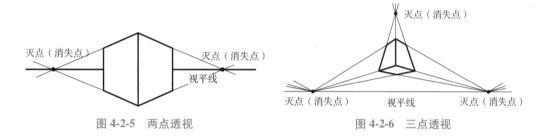

图 4-2-5　两点透视　　　　　　　　图 4-2-6　三点透视

2. 透视画法

【例 4-2-1】　根据如图 4-2-7(a)的透视条件，求作几何体的一点透视。

作图步骤：

①求灭点 S'。过视点 S 作垂线，与视平线 H-H 相交于 S' 点。

②确定画面上的面或线，其反映实形，透视是其本身。

③作几何体的透视方向线 $a'S'$、$e'S'$、$d'S'$、$c'S'$。

④求视线交点。连接 Sf、Sg、Sh、Si 与 gg 相交，过交点作垂线与透视方向线相交于 F、G、H、I，这 4 个点即为形体交点的透视，如图 4-2-7(b)。

⑤连接各透视点，清理图线并加粗轮廓线，如图 4-2-7(c)所示。

【例 4-2-2】　根据如图 4-2-8(a)的透视条件，求作台阶的一点透视。

作图步骤：

①求灭点 S'。

②确定画面上的面，其反映实形，透视是其本身。

③作台阶部分的透视，如图 4-2-8(b)所示。

④求台阶护坡部分的透视，如图 4-2-8(c)所示。

⑤清理图线并加粗轮廓线，如图 4-2-8(d)所示。

【例 4-2-3】　根据图 4-2-9(a)的透视条件，求作长方体的两点透视。

作图步骤：

①求灭点 f_x' 和 f_y'。过站点 S 作平面图长、宽方向的平行线，交基线于点 f_x 和 f_y，作垂线与视平线 H-H 相交，即可得到两灭点 f_x' 和 f_y'，如图 4-2-9(b)所示。

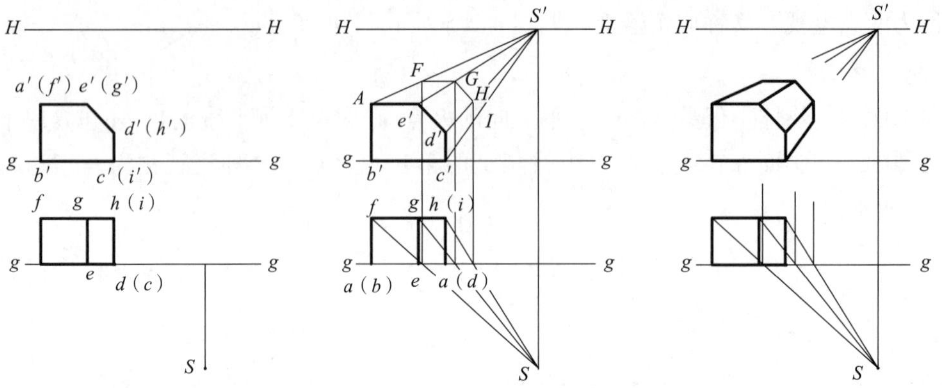

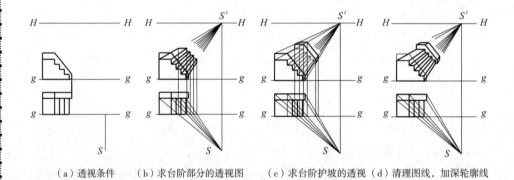

(a)透视条件　　　　　(b)画法步骤　　　　　(c)清理图线,加深轮廓线

图 4-2-7　几何体一点透视画法

(a)透视条件　(b)求台阶部分的透视图　(c)求台阶护坡的透视　(d)清理图线,加深轮廓线

图 4-2-8　台阶一点透视画法

②确定画面上的真高线,其反映实形,透视其本身,如图 4-2-9(c)所示。

③作长方体上表面的透视,如图 4-2-9(d)所示。

④作长方体底面和柱面的透视,如图 4-2-9(e)所示。

⑤清理图线,加粗轮廓线,如图 4-2-9(f)所示。

【例 4-2-4】　根据图 4-2-10(a)的透视条件,求作圆柱的透视图。

作图步骤:

①求灭点 S'。

②确定画面上的圆面,其反映实形,透视是圆本身。

③作圆柱的透视方向线。

④作视线交点,过交点作垂线与透视方向线相交于 3 点,确定背面透视圆心和半径,画圆。

⑤加深图线,完成圆柱透视图,如图 4-2-10(b)所示。

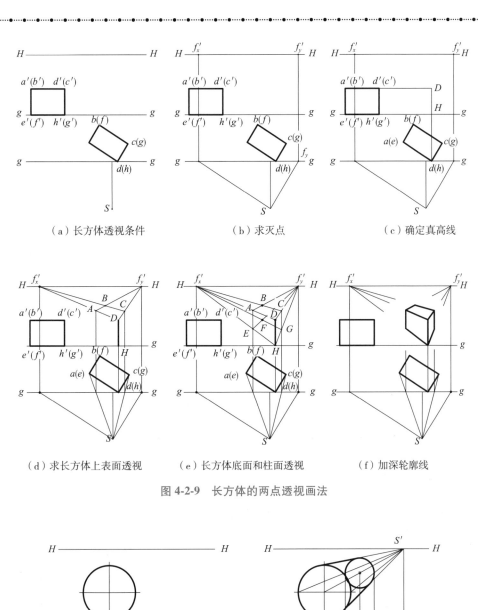

(a) 长方体透视条件　　(b) 求灭点　　(c) 确定真高线

(d) 求长方体上表面透视　　(e) 长方体底面和柱面透视　　(f) 加深轮廓线

图 4-2-9　长方体的两点透视画法

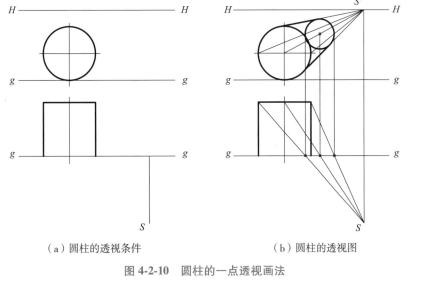

(a) 圆柱的透视条件　　(b) 圆柱的透视图

图 4-2-10　圆柱的一点透视画法

【例 4-2-5】 根据图 4-2-11(a)所示圆的侧面图，求作圆的透视图。

(1)作图分析：图中圆平行于侧面、垂直于画面、水平面。假设其位于视点前方，按照近大远小的透视原理，则其透视形状为椭圆。

为绘制此透视椭圆，可利用圆的外切正方形，取其与圆相切的 4 个点及正方形对角线与圆的交点(共 8 个点)，求出这些点在画面上的透视位置，并光滑连接成椭圆，以此表现水平圆的透视效果。

(2)作图步骤：如图 4-2-11(b)～(d)所示。

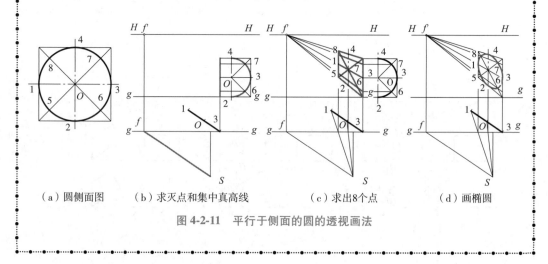

(a) 圆侧面图　　(b) 求灭点和集中真高线　　(c) 求出8个点　　(d) 画椭圆

图 4-2-11　平行于侧面的圆的透视画法

3. 透视在园林效果图中的应用

设计师创造出的具有层次感和空间感的园林景观，通过透视画法绘制设计效果，使观者仿佛置身于真实的园林环境中。为使画出的透视效果图形象逼真，能够全面真实反映景物，园林单体景观效果作图时还要正确选择视点、画面和景物三者之间的相对位置；园林整体景观效果图则应重点处理好主景与配景等园林要素在空间中的位置关系。

1) 园林单体效果图绘制

(1)选择合适的画面位置

求作一点透视的园林单体效果图时，可选择某一个平面紧贴画面，成为迹面，如图 4-2-12(a)所示；求作两点透视时，一般选择画面与景物两直角边呈 30°、60°，即长边或景物主要观赏面与画面呈 30°角，如图 4-2-12(b)所示。

(2)选择合适的站点位置

从景物两角向基线作垂线界定透视图的宽度范围 B(画宽)，再将 B 二等分与三等分，于中间 1/3～1/2 区域内确定主视线(中心视线)，并在该线上量取画宽 B 的 1.5～2 倍确定站点 S 位置，确保水平视角在 30°～40°，以精准定位视点、画面与景物的关系，如图 4-2-13 所示。

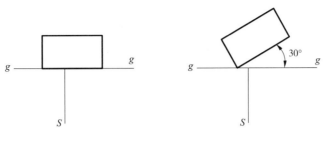

(a)一点透视画面的选择　　　（b)两点透视画面的选择

图 4-2-12　画面与景物的位置选择

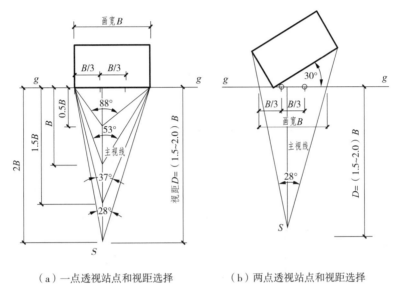

(a)一点透视站点和视距选择　　　（b)两点透视站点和视距选择

图 4-2-13　站点和视距的选择

(3)确定合适的视高

一般人的身高是 1.5~1.8m。应根据建筑物的相对高度确定视高,一般取在建筑中下部 1/3 处,或人眼的高度,视高对透视效果的影响如图 4-2-14 所示。

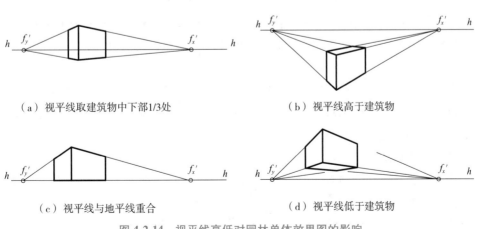

(a)视平线取建筑物中下部1/3处　　　（b)视平线高于建筑物

(c)视平线与地平线重合　　　（d)视平线低于建筑物

图 4-2-14　视平线高低对园林单体效果图的影响

2)园林整体效果图绘制

园林整体效果图是一种展示园林空间布局、景观元素、植物配置、水体设计、道路规划及建筑小品等元素的综合展示图。通常用网格法进行绘制,即通过构建网格框架来规划画面的布局和透视关系的画法。

把平面图划分为若干等距的正方形网格,通过对角线原理求出透视网格,再根据物体在网格中的位置绘制透视图,如图4-2-15所示。

(1)网格法绘制一点透视园林效果图

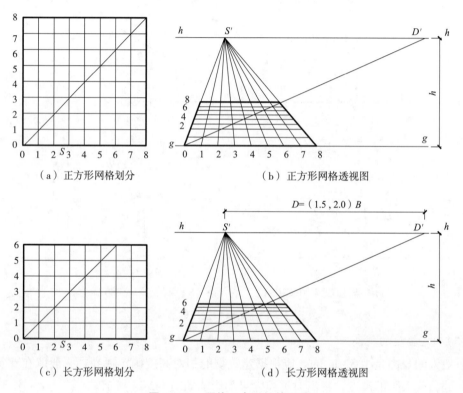

(a)正方形网格划分　　(b)正方形网格透视图

(c)长方形网格划分　　(d)长方形网格透视图

图 4-2-15　网格一点透视的画法

【例 4-2-6】 已知图 4-2-16 所示某园林景观平面图,高度自定,求作其一点透视效果图。

(1)作图分析:根据该平面图可知,亭在中间位置,左右两侧为方形水景,左侧水池跌水中有3个树池对称分布,右侧水池中有两个树池不对称分布,周边有绿化,故采用一点透视网格法。

(2)作图步骤:

①在平面图上按比例绘制正方形网格,此例选择亭子前表面为迹面,方便作图,如图 4-2-17 所示。

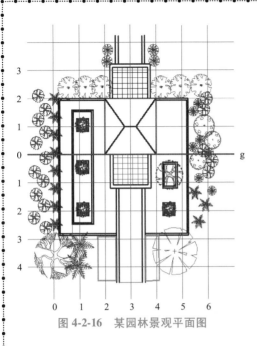

图 4-2-16　某园林景观平面图

②用铅笔绘制草图。根据比例确定视高和灭点位置。以景亭下部 1/3 处为视高；在基线 g-g 上作网格等分线，并标上编号。以画面宽度的 1 倍为视距，按图 4-2-15(b) 所示在 h-h 线上过灭点 S' 求出 D'，此交点即为 45°灭点，连接 $D'2$，与垂直于画面的网格透视线相交，过交点作平行线，透视网格即完成，如图 4-2-17(a) 所示。

③在透视网格中，绘制出园林各要素基透视，如图 4-2-17(b) 所示。

④先画亭子透视高度（迹点反映真高），再依次画出其他景物透视高度，如图 4-2-17(c) 所示。

⑤根据网格中的各要素位置，画建筑、道路、植物的透视，如图 4-2-17(d) 所示。

⑥清理图面，上色渲染，如图 4-2-17(e) 所示。

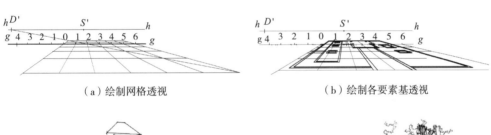

(a) 绘制网格透视　　　　　　　　　　(b) 绘制各要素基透视

(c) 在基透视上立高

(d) 绘制植物及景观总体效果

(e) 上色渲染

图 4-2-17　某园林效果图的画法

（2）网格法绘制两点透视园林效果图

在园林整体透视中，由于建筑物众多、体积庞大，且需要表现整体效果，常常采用两点透视法来绘制。但视距较远，两个灭点可能会落在画面之外，使得绘制变得困难，而网格法可以帮助在绘图时更准确地找到灭点并绘制出符合透视原理的园林效果图。以下是用网格法结合视线法作两点透视的具体步骤：

①绘制基础网格。在绘图纸上，使用尺子绘制出一个等间距的网格系统。网格的大小、方向可以根据设计图的复杂度和尺寸来确定，如图 4-2-18 所示。

②确定网格与画面倾斜角约 30°，水平视角约 30°，视距 D，视高 $0.6D$，通过站点作网格平行线与基线相交，延长网格线与基线相交，如图 4-2-19 所示。延长与网格平行的园林景观轮廓线交于基线各点，如图 4-2-20 所示。

③根据选定的站点 S、视高 $0.6D$、视距 D、画面倾斜角，绘制视平线，得到透视网格，求出灭点 f_x 和 f_y，如图 4-2-21 所示。

④利用园林景观轮廓线与基线的交点，绘制景观基透视，如图 4-2-22 所示。

⑤利用迹点反映真高的特点，求出各点透视高度，并绘制透视图，如图 4-2-23 所示。

⑥检查画面中的透视关系、比例和线条是否准确，进行必要的调整；清理图面网格线，如图 4-2-24 所示。

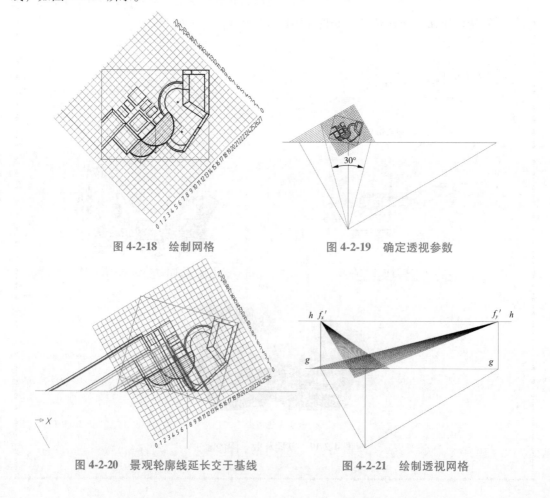

图 4-2-18　绘制网格　　　　　　　图 4-2-19　确定透视参数

图 4-2-20　景观轮廓线延长交于基线　　图 4-2-21　绘制透视网格

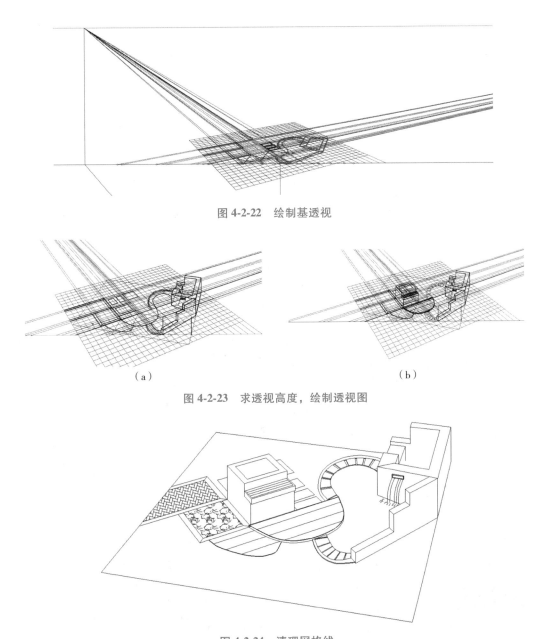

图 4-2-22 绘制基透视

图 4-2-23 求透视高度,绘制透视图

图 4-2-24 清理网格线

⑦添加植物、山石等配景,使用彩色铅笔、马克笔或其他上色工具为画面上色。注意色彩的搭配和光影效果,以增强画面的立体感和真实感,如图 4-2-25 所示。

3)绘制园林效果图的注意事项

绘制园林效果图时,需要注意多个方面以确保最终作品既美观又符合专业规范。

(1)精准透视,构建空间感

①一点透视适用于表现具有明确主视方向的场景,如宽阔的道路、建筑正立面等;而两点透视则能更好地展现建筑的侧面及空间深度,适用于大多数园林和建筑景观的绘制。

②利用透视线明确划分前后层次,增强画面的立体感和深度感。注意,透视线应准确

图 4-2-25　清理图面，上色渲染

且符合规律，避免生硬或扭曲。

(2)科学严谨，灵活应用

①在掌握透视基本原理的基础上，通过大量练习将理论知识转化为实践技能。要多观察、多分析优秀作品中的透视运用，从中汲取灵感。

②利用简单的几何形状（如正方体、长方体）快速搭建场景的透视框架，有助于在后续细化过程中保持画面的整体性和透视一致性。

③虽然透视原理需要严格遵守，但在实际创作中也要学会根据画面需要灵活调整，以达到最佳视觉效果。

(3)人物点缀，增强生活气息

①在园林景观效果图中加入人物，可以显著提升画面的生动性和生活气息。人物作为画面中的"活"元素，能够引导观者的视线，增加画面的故事性和可读性。

②确保画面中所有远近人物的眼睛都处于同一视平线上，这是保持画面透视一致性的重要原则。通过调整人物的高度和姿态，使其符合透视规律，避免产生视觉上的混乱。

任务实施

1. 绘制一点透视效果图

①根据花池的透视条件，求出灭点 S'，如图 4-2-26(a)所示。

②利用透视方法求出种植池的透视，如图 4-2-26(b)所示。

③绘制座凳的透视，如图 4-2-26(c)所示。

④在花池已有大致外形的基础上添加花池的细节，完成花池的绘制。

⑤绘制植物，如图 4-2-26(d)所示。

⑥细化画面，用针管笔上墨线，如图 4-2-26(e)所示。

⑦马克笔上色，调整整体效果，完成花池一点透视效果图，如图 4-2-26(f)所示。

2. 绘制两点透视效果图

①根据花池的透视条件，确定画面与花池倾斜角为 30°，视高是人眼的高度。

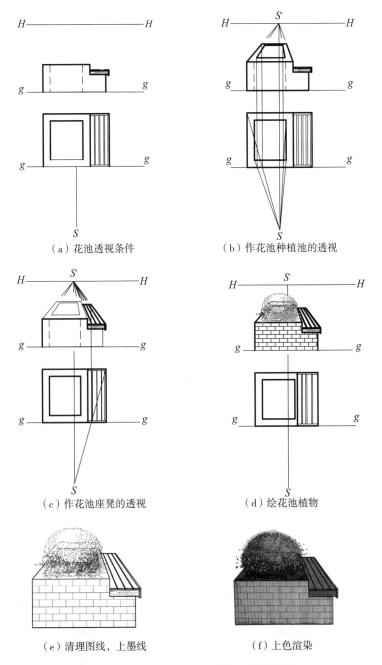

(a) 花池透视条件　　(b) 作花池种植池的透视

(c) 作花池座凳的透视　　(d) 绘花池植物

(e) 清理图线，上墨线　　(f) 上色渲染

图 4-2-26　花池一点透视效果图绘制步骤

②过站点 S 作平面图长、宽方向的平行线，交基线 g-g 于点 f_x 和 f_y，作垂线与视平线 H-H 相交，即可得到两灭点 f'_x 和 f'_y，绘制基透视，如图 4-2-27(a) 所示。

③利用迹点作垂线，绘制各点的透视高度，依次连接完成种植池的外轮廓透视，如图 4-2-27(b) 所示。

④绘制花池的内壁透视线，如图 4-2-27(c) 所示。

⑤绘制花池的座凳透视，如图 4-2-27(d) 所示。

⑥绘制花池植物，完成细节，如图 4-2-27(e) 所示。

⑦细化画面，用针管笔上墨线，等墨线完全干后，清理图面；马克笔上色，调整整体效果，完成花池两点效果图的绘制，如图 4-2-27(f) 所示。

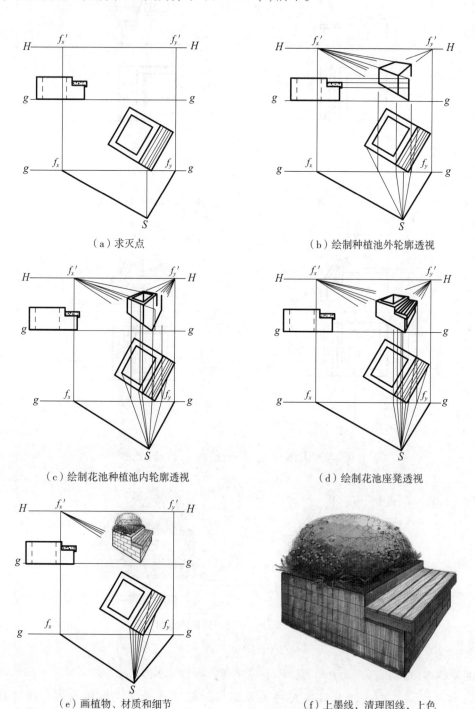

图 4-2-27　花池两点透视效果图绘制步骤

考核评价

评价维度	评价标准	分值	自我评价（25%）	同学互评（25%）	教师审评（50%）	得分
标准性	正确使用一点透视和两点透视	20				
	各元素之间位置关系合理	10				
	线条流畅、自然	10				
知识性	准确表达空间结构、比例关系、光线变化	10				
	展示了场景的整体风貌和特色	10				
美观性	布局美观、效果美观、图纸整洁	10				
	视角新颖、构图展现场景独特魅力	10				
工匠精神	透视图绘制中细节处理精益求精	10				
增值评价	空间结构理解力有所提升，空间转换能力进一步提升	10				
总分		100				

巩固训练

已知图 4-2-28 所示平面图，高度自定，求作一点透视效果图。

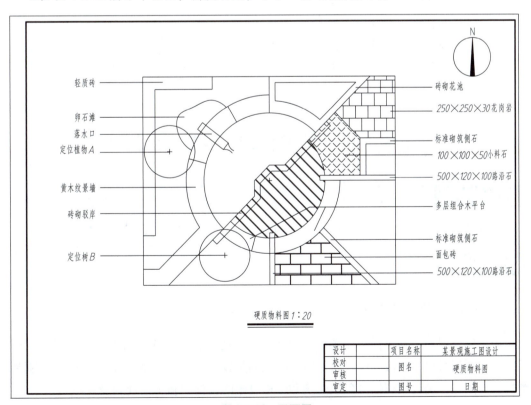

图 4-2-28　平面图

项目 5　园林设计图的综合识读

学习目标

【知识目标】

1. 了解园林规划图纸和园林方案设计图纸包含的图纸内容；
2. 了解园林施工图设计图纸包含的全部图纸内容；
3. 了解园林施工图设计图纸中各个图纸的基本功能；
4. 掌握园林方案设计图纸的识读步骤；
5. 掌握园林施工图设计图纸的识读步骤。

【技能目标】

1. 会识读园林方案设计图纸总图类图纸和重点景区的平面图纸、效果图或意向图等，写出识图报告；
2. 会识读园林施工图设计图纸中的总平面图、定位图、放线图、竖向设计图、水体设计图、种植设计图、园路铺装设计图、园林小品设计图等图纸，会按设计规范要求查看图纸的完整性与规范性，并写出识图报告；会站在不同角度去审读施工图的合理性及规范性；
3. 会熟练运用索引图、尺寸标注、定位图和工程详图的基本知识识读图纸。

【素质目标】

1. 具有科学思维能力和实事求是、公平公正、吃苦耐劳的工作态度；
2. 具备良好的语言表达能力、知识整合能力和自我表现能力；
3. 培养较强的沟通能力和团队合作精神，能够进行有效的人际沟通和协作；
4. 培养设计师、现场项目负责人所需要的耐心细致的工作作风和严谨的工作态度。

任务 5-1　识读园林方案设计图

工作任务

识读弦曲园园林方案设计图（图 5-1-1~图 5-1-6），写出识图报告。

知识准备

1. 园林规划图纸基本内容

城市建设规划一般包括总体规划、控制性详细规划、修建性详细规划 3 个层次，3 个层次由宏观到微观、由浅到深。修建性详细规划是以城市总体规划、分区规划或控制性详细规划为依据，制订用以指导各项建筑和工程设施的设计和施工的规划设计。

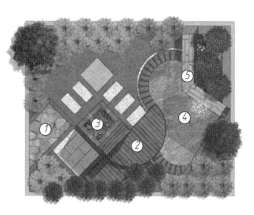
图 5-1-1　弦曲园总平面图
1. 闻曲路　2. 弦月台　3. 静心池　4. 曲意泉　5. 叠趣山

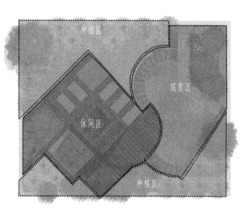
图 5-1-2　弦曲园功能分区图

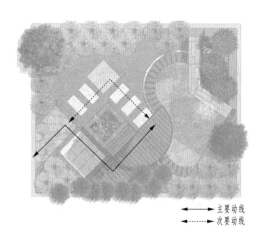
图 5-1-3　弦曲园交通分析图

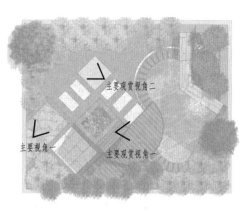
图 5-1-4　弦曲园视点分析图

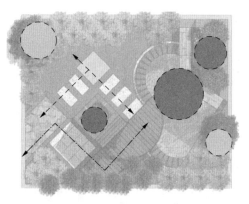
图 5-1-5　弦曲园节点分析图

图 5-1-6　弦曲园景观效果图

修建性详细规划作为园林方案设计的上位文件，其主要任务是：满足上一层次规划的要求，直接对建设项目做出具体的安排和规划设计，并为下一层次建筑、园林和市政工程设计提供依据。

对于当前要进行建设的地区，应当编制修建性详细规划，用以指导各项建筑和工程设施的设计和施工。

修建性详细规划成果文件如下。

1) 规划说明书

①现状条件分析。

②规划原则和总体构思。

③用地布局。

④空间组织和景观特色要求。

⑤道路和绿地系统规划。

⑥各项专业工程规划及管网综合。

⑦竖向规划。

⑧主要技术经济指标一般应包括以下各项：总用地面积；总建筑面积；住宅建筑总面积，平均层数；容积率、建筑密度；住宅建筑容积率，建筑密度；绿地率；工程量及投资估算。

2) 规划图纸

①规划地段位置图　标明规划地段在城市的位置及与周围地区的关系。

②规划地段现状图　图纸比例尺为1∶2000～1∶500，标明自然地形地貌、道路、绿化、工程管线及各类用地和建筑的范围、性质、层数、质量等。

③规划总平面图　图纸比例尺为1∶2000～1∶500，图上应标明规划建筑、绿地、道路、广场、停车场、河湖水面的位置和范围。

④道路交通规划图　图纸比例尺为1∶2000～1∶500，图上应标明道路的红线位置、横断面，道路交叉点坐标、标高，停车场用地界线。

⑤竖向规划图　图纸比例尺为1∶2000～1∶500，图上标明道路交叉点、变坡点控制高程，室外地坪规划标高。

⑥单项或综合工程管网规划图　图纸比例尺为1∶2000～1∶500，图上应标明各类市政公用设施管线的平面位置、管径、主要控制点标高，以及有关设施和构筑物位置。

⑦表达规划设计意图的模型或鸟瞰图　园林规划图纸从时间、空间方面对园林绿地进行安排，使之符合生态、社会和经济的要求，同时保证园林规划设计各要素之间取得有机联系，满足园林艺术要求。

2. 园林方案设计图纸的基本内容

通过修建性详细规划阶段产生的规划说明书及图纸，在时空关系上对园林绿地建设进行了安排，要对园林绿地进行方案设计。方案设计应满足编制初步设计文件、项目审批、编制工程估算的需要。

方案设计包括设计说明与设计图纸两部分内容。

1）设计说明

①现状概况　概述区域环境和设计场地的自然条件、交通条件以及市政公用设施等工程条件；简述工程范围和工程规模、场地地形地貌、水体、道路、现状建构筑物和植物的分布状况等。

②现状分析　对项目的区位条件、工程范围、自然环境条件、历史文化条件和交通条件进行分析。

③设计依据　列出与设计有关的依据性文件。

④设计指导思想和设计原则　概述设计指导思想和设计遵循的各项原则。

⑤总体构思和布局　说明设计理念、设计构思、功能分区和景观分区，概述空间组织和园林特色。

⑥专项设计说明　竖向设计、园路设计与交通分析、种植设计、园林建筑与小品设计、结构设计、给水排水设计、电气设计。

⑦技术经济指标　计算各类用地的面积，列出用地平衡表和各项技术经济指标。

⑧投资估算　按工程内容进行分类，分别进行估算。

2）设计图纸

设计图纸包括区位图、用地范围图、现状分析图、总平面图、功能分区图或景观分区图、交通设计图、竖向设计图、种植设计图等总图类，重点景区平面图和效果图或意向图。

①区位图　标明用地在城市的位置及与周边地区的关系。

②用地范围图　标明用地边界、周边道路、现状地形等高线、道路、有保留价值的植物、建筑物和构筑物、水体边缘线等。

③现状分析图　对用地现状做出各种分析图纸。

④总平面图　标明用地边界、周边道路、出入口位置、设计地形等高线与水体等深线、植物、园路与场地、建筑、构筑物、园林小品、停车场位置与范围等；标明保留的原有园路、植物和各类水体的岸线、各类建筑物和构筑物等；标明基地红线、蓝线、绿线、黄线、用地范围线的位置和用地平衡表。

⑤功能分区图或景观分区图　标明用地功能或各区域的划分及名称。

⑥交通设计图　标明各级园路、园桥、人流集散广场和停车场、出入口及外部的相关道路等；分析园路功能与交通组织。

⑦竖向设计图　标明设计地形等高线与原地形等高线或标高；标明主要控制点高程，包括出入口、铺装场地、主要园林建筑等的控制高程；标明水体的常水位、最高水位、最低水位和水底标高；必要时绘制地形剖面图，图中应有现状地形剖面、设计地形剖面及标高。

⑧种植设计图　标明植物分区和各区的主要或特色植物；标明保留或利用的现状植物；标明乔木和主要灌木的平面布局关系。

⑨主要景区平面图　包括主要景区的铺装场地、绿化、园林小品和其他景观设施的详细平面布局。

⑩效果图或意向图　反映设计意图的鸟瞰图、视点效果图，也可采用意向照片。

3. 园林方案设计图的识读步骤

1) 总平面图的识读步骤

①识读图名、比例尺、设计说明、风玫瑰图和指北针　根据图名、设计说明、指北针、比例尺和风玫瑰图，可了解到方案设计的意图和工程性质、设计范围、工程的面积和朝向等基本概况，为进一步了解图纸做好准备。

②识读等高线和水位线　了解园林的地形和水体布置情况，从而对全园的地形骨架有一个基本的印象。

③识读图例和文字说明　明确新建景物的平面位置，了解总体布局情况。

④识读坐标和尺寸　根据坐标或尺寸查找施工放线的依据。

2) 竖向设计图的识读步骤

①识读图名、比例尺、指北针、文字说明　了解工程名称、设计内容、工程所处方位和设计范围。

②识读等高线及其高程标注　了解新设计地形的特点和原地形标高，了解地形高低变化及土方工程情况，并结合景观总体规划设计，分析竖向设计的合理性。根据新、旧地形高程变化，了解地形改造施工的基本要求和做法。

③识读建筑、山石和道路高程情况　了解主要建筑的位置、高度；桥面、假山的高度；道路高程的变化等情况。

④识读排水方向。

⑤识读坐标，确定施工放线依据。

3) 植物种植设计图识读步骤

①识读标题栏、比例尺、风玫瑰图及设计说明　了解当地的主导风向，明确绿化工程的目的、性质与范围，了解绿化施工后应达到的效果。

②识读植物图例及注写说明、代号和苗木统计表　了解植物的种类、名称、规格和数量，并结合施工做法与技术要求，验核或编制预算。

③识读植物种植位置及配置方法　分析设计方案是否合理，植物的栽植位置与建筑构筑物、市政管线的距离是否符合有关设计规范的规定。

④识读植物的种植规格和定位尺寸　明确定点放线的基准。

📝 任务实施

1. 识读弦曲园总平面图

图5-1-1为弦曲园总平面图。图中所示弦曲园为4m×5m的小游园,主入口位于游园西南侧;经由闻曲路步入游园,可见阡陌相交,花野芬芳;缓步向西北,经过野趣十足的步石小路(也可选择东北侧平坦铺装地面),通往游园中心弦月台;行至弦月台,听水声潺潺,闻虫鸣阵阵,弦月台西北侧紧邻静心池,静心池内花草芬芳,东侧又见曲意泉,曲水中的弦台与弦月倒影交错;泉水由叠趣山穿石而出,流水倾泻方寸之间,山水入眼,清新雅致;游园四周乔、灌木高低错落,疏密有致,空间静谧。

2. 识读弦曲园功能分区图

图5-1-2为弦曲园功能分区图。游园西侧为休闲区,内设游步道、花坛、休闲、座凳、休息平台,提供安静的休息条件;东侧为观赏区,曲水潺潺,泉水涌动,山石叠趣,配以植物组团,色彩明快,更显生机;游园南、北两侧为种植区,搭配乔木、灌木、草坪,错落有致,韵律十足,使游园形成相对封闭围合的空间。

3. 识读弦曲园交通分析图

图5-1-3为弦曲园交通分析图。游园面积较小,整个游园范围内仅在西南侧设置唯一出入口。游园内交通系统由3条主要动线和次要动线构成,规则式石材铺装引导出主要动线,入口处铺装结合草坪中步石形成次要动线,共同抵达游园主要休闲区域。两动线组织空间、引导游览,将游园主要活动空间串联在一起,并提供散步场所。

4. 识读弦曲园视点分析图

图5-1-4为弦曲园视点分析图。主要视角一位于园区西南侧主入口,此处视角纵观全园景观,引导行进路线;主要观赏视角一位于游园中心平台,驻足平台之上,向东可观绿树成荫,倒映池水之中,视线移至东北方向则可见山石叠趣,泉水涌动,又有景观树置于山石之上,生动活泼;主要观赏视角二位于步石路转角处,园区西北角为孤植景观树,造型优美,枝叶繁茂,搭配小乔木、灌木、草坪,清新雅致。

5. 识读弦曲园节点分析图

图5-1-5为弦曲园节点分析图。园区由主要景观轴线、次要景观轴线贯穿各景观节点。入口两侧由乔、灌木围合,主、次两景观轴线围合位置设置花坛,栽植时令花卉,作为入园行进中主要观赏节点;主要景观轴线尽头为园区核心观赏区,水景与叠石结合,营造三维、动态的整体景观,叠石围合空间与水池形成高差,栽植观赏乔、灌木,以生态手法营造清新自然氛围;园区四周采用乔、灌木围合,次要景观轴线引导视线至园区西北角、东南角,观赏大乔木与灌木、绿草掩映,幽幽草丛树林,营造轻松舒缓的环境氛围。

6. 识读弦曲园景观效果图

图5-1-6为弦曲园景观效果图。游园建成后整体效果清晰可见,各景观节点位置关系明确,景观节点之间既相互独立、各自成景,又相互呼应、烘托主旨。

考核评价

评价维度	评价标准	分值	自我评价（25%）	同学互评（25%）	教师审评（50%）	得分
知识性	识图方法正确，报告顺序合理、逻辑性强	20				
	正确理解设计意图、识图过程准确无误	30				
	识读图纸无遗漏，各图纸信息识别正确	30				
工匠精神	精研图纸细节，严谨细致入微，追求精湛工艺	10				
增值评价	在学习过程中对园林方案设计有进一步的理解与提升	10				
	总分	100				

巩固训练

识读图 5-1-7 所示某公园方案设计总平面图，并完成识图报告。

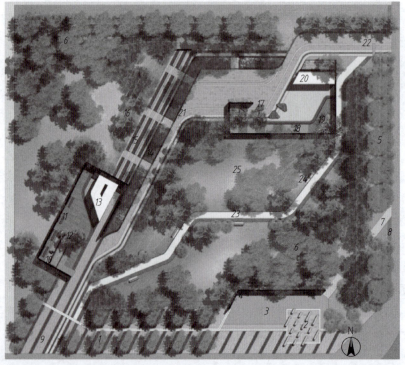

1 树阵广场
2 石阵广场
3 活动广场
4 围合景墙
5 原有林带
6 密林
7 游园小径
8 卵石沟
9 南侧主入口
10 枯山水
11 垂直绿化墙
12 孤植观赏树
13 叶亭
14 雨水花园
15 静思台阶
16 背景林
17 健身器材
18 儿童攀岩墙
19 景观树池
20 玻璃亭
21 活力动线
22 东侧主入口
23 休息座椅
24 健康步道
25 疏林

图 5-1-7　某公园方案设计总平面图

要求:
(1)识图步骤准确;
(2)编写识图报告,表述清晰,内容完整。

任务 5-2　识读园林施工设计图

工作任务

根据弦曲园施工设计图纸(详见数字资源),撰写识图报告。

知识准备

1. 园林施工设计图纸主要内容

园林施工设计图纸按照文字说明、总图部分、详图部分三部分内容进行设计与绘制。

1) 文字说明

(1) 图纸封面

施工图的封面包含以下内容:项目名称、建设单位名称、工程编号、设计单位名称、建设单位法定代表人、项目技术总负责人和项目总负责人的姓名及签字或授权盖章、项目设计日期等信息。

(2) 图纸目录

施工图的图纸目录一般包含以下内容:序号、图号、图名、图幅及备注等。其中,图号是指每张图纸在具体工程设计中的系统编号,是目录中的核心。图纸可以按照专业编制,例如,竖向设计施工图可以缩写成 SX,种植设计施工图可以缩写成 LS。图纸也可以按照图纸结构编制,例如,文字部分图号以 LN 开头,总图部分图号以 LP 开头,详图部分图号以 LD 开头。

总之,通过目录,可以了解图纸组成及张数,对应检查图纸是否齐全。同时,图纸目录体现整套施工图纸的逻辑顺序、编排统一,方便识别及查找。

(3) 设计说明

设计说明表达的是该项目的基本情况,施工过程中对施工用料、操作的基本要求及常规做法。设计说明内容包括:

①项目名称。

②项目基本情况　项目建设地点、单位、建设范围、面积等。

③设计依据文件及材料　业主提供的项目相关材料,建设方提出的设计任务书,建设方提供的场地地形图及相关文件,现行的国家有关法律、设计规范、条例及地方标准、规定等。

④设计技术说明　施工图定位坐标系统、高程系统,图纸中所注尺寸单位,竖向标高单位及总图单位,设计标高等。

⑤竖向设计　道路、广场、台阶及坡道、水池、绿地等的坡度说明。

⑥工程材料及构造措施　铺地结构材料及铺设建议，不同植物类型种植土及栽植要求。

⑦总体施工要求及说明　施工方施工的要求，各工种间如何协调与配合，如何保障施工人员安全等。

注意：依据项目的不同，施工设计说明会有所不同，做出符合该项目要求的修改即可。

2）总图部分

(1) 总平面图

总平面图是指导现场施工的图纸。根据图纸上标记的索引符号，可以有目标地快速找到图形对应的施工详图的图纸。通过该图纸可方便查阅需要详细说明的图形内容，为接下来编制施工详图做准备。

图纸查看内容包括：
①图名、比例尺、指北针、文字说明等。
②园林项目红线范围，主要出入口位置。
③建筑、小品、广场及其他景观节点的名称、位置。

(2) 定位图

定位图是明确图形的实际大小和各部分相对位置的图纸。图形的真实大小应以图样上所注的尺寸数值为准，不得从图上直接量取。国标规定，图样上标注的距离尺寸，除标高及总平面图以米为单位外，其余一律以毫米为单位。所需单位只需图上加以说明，图上尺寸数字旁都不再注写。

图纸查看内容包括：
①图名、比例尺、指北针、单位、文字说明等。
②尺寸线、尺寸界线、尺寸起止符号、尺寸数字及圆弧标注的具体位置。

(3) 放线图

放线图又称平面放线定位图、平面放线尺寸图，是将施工现场与图纸对应起来，指导施工现场在施工前将图纸内容准确地定位在施工场地的图纸。主要通过垂直和水平线交叉组成的方格网、原点坐标及图形特殊点坐标组成。网格间距取决于施工的需要、项目的大小及复杂程度，一般100m×100m或50m×50m的方格网较常见。通常水平方向定为X轴，竖直方向定为Y轴。图纸查看内容包括：
①图名、比例尺、指北针、文字说明等。
②定位网格的规格、坐标原点的位置。
③道路、广场的位置和尺度，主要控制点的坐标、定位尺寸。
④建筑及小品主要控制点坐标及其定位、定型尺寸。
⑤地形、山石水体的主要控制点坐标、标高及控制尺寸。

(4) 竖向设计图

竖向设计图是将场地当前位置的设计标高标示出来的图纸。一般反映该地段地形的复杂情况。

图纸查看内容包括：

①图名、比例尺、指北针、单位、图例、文字说明等。

②起算点±0.000 的位置。

③现状与原地形标高、地形等高线。

④最高点或者某些特殊点的标高及坡度，如广场、停车场的主要控制点标高和坡度，以及地表排水组织；道路路面中心交点及变坡点标高；建筑物及构筑物四周转角或两对角的散水坡脚处标高；小品主要控制点标高；地形、山石的主要控制点标高；水体驳岸控制点标高，水体的最高、最低水位标高及水池底标高等。

⑤地形的汇水线和分水线，地面坡向、坡度。

⑥复杂的地段，结合地形断面详图，注意其标高、比例尺等。

（5）铺装设计图

铺装设计图可将构成园林建筑物或构筑物的基础、地面以及室内外景观装饰工程所用的材料表达清楚。铺装设计图一般说明的是园林道路、建筑及小品、山石、水景的内容。图纸需表达清楚物料的名称、规格、数量等信息。硬质物料图可配合硬质物料表进行编制。图纸查看内容包括：

①图名、比例尺、指北针、单位、文字说明等。

②物料的名称、颜色、规格、数量、铺设样式。

③物料使用的范围，铺设角度。

（6）给水排水设计图

给水排水设计图是说明给水系统、排水系统和电器设备、电线走向、照明系统具体构造和位置的图纸。依照工程水电配置的复杂程度，可将水电配置图分成给排水施工图和电气施工图。图纸查看内容包括：

①图名、指北针、比例尺、文字说明及图例表。

②给水管线的平面位置，包括供水点、排水口、水管线路。

③排水管线的平面位置，包括污水井、收集池、雨水箅等。

④排污管线的管径大小、管底标高、设管坡度。

⑤阀门井、检查井等的坐标及井口标高。

⑥电路系统管线敷设路线、电力箱、灯具位置等。

（7）种植设计图

种植设计图是说明植物名称、规格、数量或面积、种植位置、种植类型的平面图。该施工图纸是植物种植施工、工程预结算、工程施工监理和验收的依据。它能准确表达出种植设计的内容和意图，对于施工组织、施工管理及后期的养护都起到很大的作用，应配合植物布置表进行说明。

种植设计图可包括：植物栽植总平面图、种植立面图及剖面图、做法说明、苗木表、预算等指导施工的图纸。图纸查看内容包括：

①图名、比例尺、指北针、苗木表及文字说明等。

②区分植物种类,包括原有植被和设计植被(不同图例代表不同植物种类)。
③植物的种类、组合方式、规格、数量(或面积)。
④植物种植点(可配合坐标网格定位)。
⑤一些特殊的植物景观应结合施工详图部分进一步说明,如树池座椅、种植池、花坛、花境等。

注意:依据工程项目的不同,总图部分还可包括园路广场施工图、建筑施工图、假山施工图、水体施工图等。

3)详图部分

详图部分可分为局部详图、构筑物及小品详图等。

(1)局部详图

项目面积比较大时,利用施工总平面图不能清晰全面地表达尺寸标注、放线、竖向标注等图纸信息,需要将图纸局部按照合适的比例尺单独进行说明。

复杂的区块,可以将局部详图应用于索引图、尺寸标注图、竖向标高图、硬质物料图等分别对施工进行说明。例如,模纹花坛、立体绿化,可结合立面图说明立面栽植效果、构图关系。

(2)构筑物及小品详图

构筑物及小品包括花池及花坛、廊架及花架、景墙、假山、挡土墙及护坡、景观标识等。施工图纸包括平面图,表示构筑物及小品的平面布置方式、各组成部分的平面形状和尺寸;立面图,表示构筑物及小品的立面造型和主要部位高度;剖(断)面图,表示构筑物及小品的内部构造、细部尺寸、材料种类、结构做法等。另外,构筑物及小品的工艺流程、砌筑方法、安装方法等详细内容也应在施工详图中表达。读图时详图图名及图号应对应目录及总图标示的索引符号,避免读错。常见构筑物及小品详图包含以下内容:

①花池、花坛　平面图、立面图、剖(断)面图;工艺流程;砌筑砂浆要求;砌筑方法;质量控制措施等。

②廊架、花架　平面图、立面图、剖(断)面图;用料规格、防腐说明;工艺流程;加工制作方法;安装方法等。

③景墙　平面图、立面图、剖(断)面图;施工工序;砌筑方法等。

2. 园林施工图的识读步骤

①按照图纸封面、目录、设计说明的顺序查看图纸的基本情况,为后续读取施工总图部分,施工详图部分做准备。

②按照施工图目录顺序,依次读取总图部分相关图纸,应读取的内容参见前文。

③铺装、构筑物及小品等细部结构进行施工时,依据总图部分标注的索引符号,对应查找详图进行查看。

> **任务实施**

弦曲园施工设计图纸共包括三大部分：文字说明、总图部分、详图部分。

1. 文字说明

文字说明包括图纸封面、图纸目录、设计说明。

1）图纸封面

图名为"弦曲园园林工程施工图"。

2）图纸目录

列出了13张施工图纸对应的图号、图名及图幅。

3）设计说明

介绍了该项目的规格、占地面积、施工图纸中包含的设计元素内容；项目依据文件及材料；定位与标高；铺地的面层、下部结构的铺设及夯实要求；乔木、灌木、地被植物的种植要求；给排水电气系统应满足的要求。

2. 总图部分

总图部分包括总平面图、定位图、放线图、竖向设计图、铺装设计图、给水排水设计图、种植设计图、苗木表共8张图纸。下面分别对图纸内容进行说明。

1）总平面图

图号为LP-1，比例尺为1∶20。该施工图纸将汀步、花池、铺装、水池、景墙、木平台的详细做法，通过索引符号标注，指出其具体所在的图纸图号。例如，汀步的详细做法在LD-1图纸中查看。

2）定位图

比例尺为1∶20，标注单位为毫米。图中所标注的尺寸，是该图样最后完工的尺寸。例如，汀步石最大尺寸为600×600，其余汀步石尺寸为600×250，景墙尺寸为2005×115，木平台圆弧半径为900。结合放线图，进一步明确实体的实际大小和具体位置。

3）放线图

比例尺为1∶20。图中网格间距为0.25m×0.25m。图中东西方向为X轴，5m长，南北方向为Y轴，4m长。左下角为坐标原点，即X轴和Y轴的交点。例如，景墙其中一个端点的坐标位置是X轴方向2795mm，Y轴方向395mm。项目中汀步、花池、铺装、水池、景墙、木平台均按所注控制点坐标和对应网格的位置进行尺寸放线。详细放线以详图为准。

4）竖向设计图

比例尺为1∶20，标注单位为米。图中标注标高为土方沉降后的完成标高。左下角为标高零点±0.000所在位置。项目中汀步、铺装、木平台、水池与标高零点同一高度，铺装位置高出标高零点0.460m，木平台高出标高零点0.360m，水池深度为0.110m，景墙从南至北高度逐渐递增。

5）铺装设计图

比例尺为1∶20，物料规格单位均为毫米。叠趣山由600×240×200轻质砖和黄木纹片岩石砌筑围合；曲意泉驳岸及水池一侧景墙均由 240×115×53 标准砖砌筑围合，外围道路是卵石铺装；弦乐台是 90×15 防腐木材料做成；最大块汀步由 600×600×30 砂岩板铺设，其余小块汀步由 500×250×200 芝麻白火烧面花岗岩铺设；静心池由 240×115×53 标准砖砌筑围合；闻曲路由 200×100×50 面包砖和黄木纹片岩石碎拼铺设完成。汀步、铺装、花池、景墙、木平台、水池的详细做法参照 LD-1 至 LD-4 施工详图。

6）给水排水设计图

比例尺为 1∶20，设计标高单位为米。给水管就近接入；溢水管下沿标高为 -0.030；用电须严格遵守相关规定。按照图例查看潜水泵、排水口、水管、PVC 管的位置及规格。

7）种植设计图

比例尺为 1∶20。结合苗木表，该项目栽植乔木 3 种（幸福树、红枫、山茶），栽植灌木 4 种（红叶石楠球、洒金东瀛珊瑚、小叶女贞、南天竹），栽植草花 80 盆，其余绿地均铺设草皮。乔灌木种植采用的是自然式栽植方式。不同植物用不同的植物图例表示。同一树种，用细线连接圆心结合引线的方式标注该植物名称、数量、面积及形态。如红叶石楠球 3 株、洒金东瀛珊瑚 7 株。对照苗木表，按照每种植物的规格、数量、图上所示种植点（植物图例圆心所在位置）进行植物栽植。其中，孤植树红枫、菜豆树种植点位置给出了定位尺寸。结合各类植物规格和给出的定位尺寸，植物栽植疏密得当，乔、灌木层次搭配合理。

8）苗木表

依据种植设计图对植物进行编写。

3. 详图部分

1）铺装详图

汀步平面图比例尺为 1∶10，断面比例尺为 1∶15。汀步由一块 600×600×30 砂岩板及 500×250×200 芝麻白火烧面花岗岩间隔 115，两块 500×250×200 芝麻白火烧面花岗岩间隔 150 铺砌而成。汀步断面铺砌由上至下分别是 600×600×30 砂岩板（500×250×200 芝麻白火烧面花岗岩）、30 厚水泥砂浆结合层（施工 50 厚黄沙代替）、100 厚混凝土垫层、100 厚碎石垫层、素土夯实（密实度 93%）。

铺装平面图比例尺为 1∶15。铺装尺寸标注如详图②所示，铺装边石为 200×100×50 面包砖，内部分别为黄木纹片岩碎拼、250×250×200 芝麻白火烧面花岗岩、500×250×200 芝麻白火烧面花岗岩。铺装断面结构由上至下分别是 500×250×200 芝麻白火烧面花岗岩（200×100×50 面包砖、黄木纹片岩碎拼）、30 厚水泥砂浆结合层（施工 50 厚黄沙代替）、100 厚混凝土垫层、100 厚碎石垫层、素土夯实（密实度 93%）。

2）木平台详图

木平台平面图、龙骨图比例尺为 1∶15，1-1 断面图比例尺为 1∶10。木平台平面尺寸如详图①所示。龙骨尺寸如详图②所示，结构由上至下分别是 90×15 防腐木面板、60×40 防腐木龙骨、85×85 防腐木立柱；木平台由 85×85 防腐木立柱支撑。

3）花池及景墙详图

花池平面图比例尺为 1∶10，1-1 断面图比例尺为 1∶15。花池平面详细尺寸如详图①

所示。花池铺装断面结构由上至下分别是 90×15 防腐木面板、60×40 防腐木龙骨、240×115×53 标准砖、100 厚混凝土垫层、100 厚碎石垫层、素土夯实(密实度 93%)。

景墙平面图比例尺为 1∶15。景墙厚度、结构尺寸如详图①花池平面图所示。景墙断面由上至下一、二级厚度 190mm，三级厚度 230mm，断面结构由上至下分别是 240×115×53 标准砖、240×115×53 标准砖基础、100 厚混凝土垫层、100 厚碎石垫层、素土夯实(密实度 93%)。

4）水体详图

水池平面图比例尺为 1∶20、1-1 断面图比例尺为 1∶15。水池平面细部尺寸及转弯半径如详图①所示。断面 1-1 标高尺寸如详图②所示。其中，水池驳岸断面结构由上至下分别为 240×115×53 标准砖、塑料薄膜防水层、100 厚混凝土垫层、100 厚碎石垫层、素土夯实(密实度 93%)。

考核评价

评价维度	评价标准	分值	自我评价（25%）	同学互评（25%）	教师审评（50%）	得分
知识性	识图方法正确，报告顺序、逻辑性合理	20				
	正确理解设计意图、识图过程准确无误	30				
	识读的图纸无遗漏，各图纸信息识读正确	30				
工匠精神	精研图纸细节，严谨细致入微	10				
增值评价	对施工图的理解加深，认识到图纸是施工的标准性文件	10				
	总分	100				

巩固训练

1. 识读图 5-2-1 某游园硬质物料图并撰写识图报告。
2. 识读图 5-2-2 某道路植物种植设计图并撰写识图报告。

要求：

（1）识读准确；

（2）识图报告逻辑性强、表述清晰、内容完整。

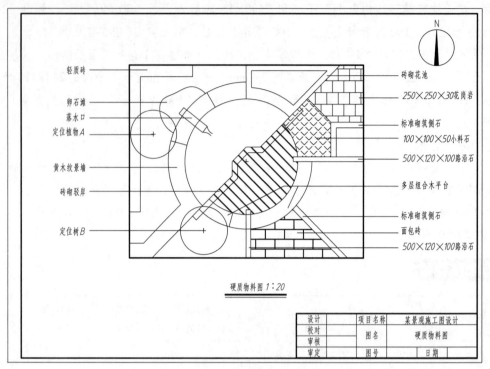

图 5-2-1 某游园硬质物料图

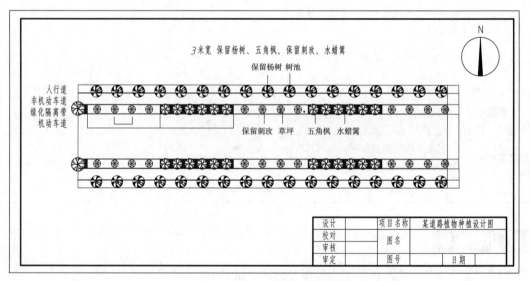

图 5-2-2 某道路植物种植设计图

参考文献

字随文，刘成达，2022. 园林制图[M]. 3 版. 郑州：黄河水利出版社.

董南，2012. 园林制图[M]. 2 版. 北京：高等教育出版社.

谷康，付喜娥，2010. 园林制图与识图[M]. 南京：东南大学出版社.

黄晖，王云云，2021. 园林制图[M]. 4 版. 重庆：重庆大学出版社.

王强，李志猛，2013. 中小型景观工程实例详解——方案及施工图设计[M]. 北京：中国水利水电出版社.

吴立威，陆旦，2015. 园林制图[M]. 北京：高等教育出版社.

徐哲民，2020. 园林建筑设计[M]. 2 版. 北京：机械工业出版社.

附录 常用图例节选

1. 常用建筑构造及配件图例

序号	名称	图例	说明
1	土墙	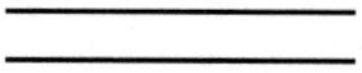	包括土筑墙、土坯墙、三合土墙等
2	隔断		1. 包括板条抹灰、木制、石膏板、金属材料等隔断； 2. 适用于到顶与不到顶隔断
3	栏杆	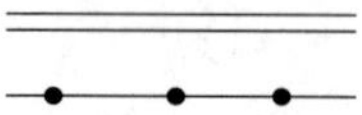	上图为非金属扶手，下图为金属扶手
4	楼梯	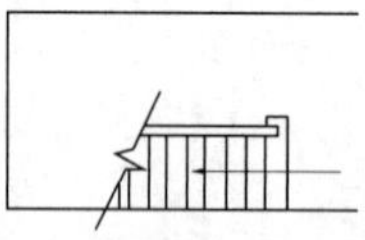 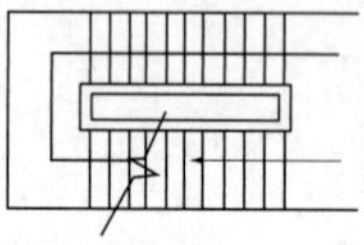 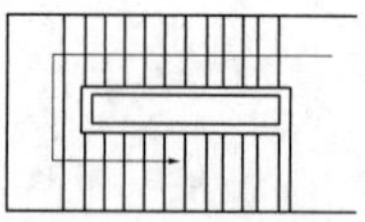	1. 上图为底层楼梯平面，中图为中间层楼梯平面，下图为顶层楼梯平面； 2. 楼梯的形式及步数应按实际情况绘制
5	坡道	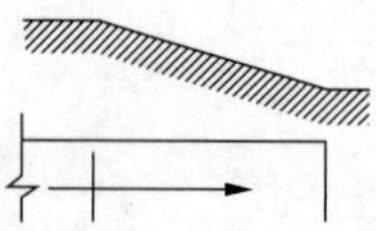	
6	检查孔	 	左图为可见检查孔，右图为不可见检查孔

(续)

序号	名 称	图 例	说 明
7	孔洞		
8	坑槽		
9	墙顶留洞	宽×高 或 ϕ	
10	墙顶留槽	宽×高×深 或 ϕ	
11	烟道		
12	通风道		
13	新建的墙和窗		本图为砖墙图例，若用其他材料，应按所用材料的图例绘制
14	在原有墙或楼板上局部填塞的洞		
15	空门洞		

（续）

序号	名　称	图　例	说　明
16	单扇门（包括平开或单面弹簧）		
17	双扇门（包括平开或单面弹簧）		1. 门的名称代号用 M 表示； 2. 剖面图上左为外、右为内，平面图上下为外、上为内； 3. 立面图上开启方向线交角的一侧为安装合页的一侧，实线为外开，虚线为内开； 4. 平面图上的开启弧线及立面图上的开启方向线，在一般设计图上不需表示，仅在制作图上表示； 5. 立面形式应按实际情况绘制
18	对开折叠门		
19	墙外单扇推拉门		同序号 16 说明中的 1，2，5
20	墙外双扇推拉门		同序号 19
21	墙内单扇推拉门		同序号 19

(续)

序号	名称	图例	说明
22	墙内双扇推拉门		同序号19
23	单扇双面弹簧门		同序号16
24	双扇双面弹簧门		同序号16
25	单扇内外开双层门 （包括平开或单面弹簧）		同序号16
26	双扇内外开双层门 （包括平开或单面弹簧）		同序号16
27	转门		同序号16说明中的1，2，4，5

（续）

序号	名称	图例	说明
28	折叠上翻门	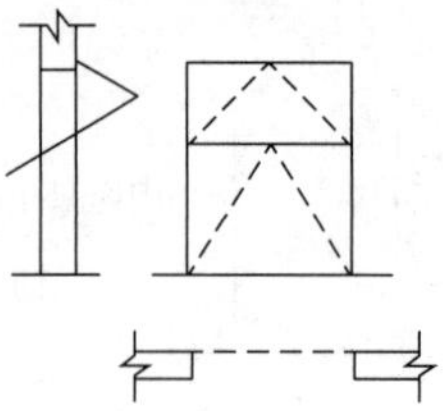	同序号 16
29	卷门	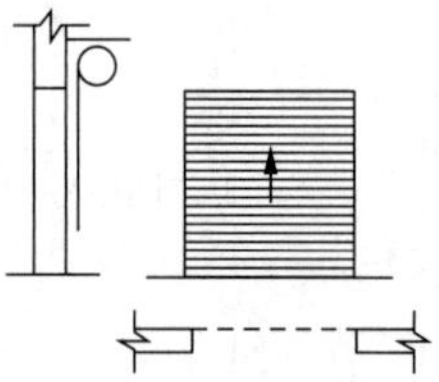	同序号 16 说明中的 1，2，5
30	提升门	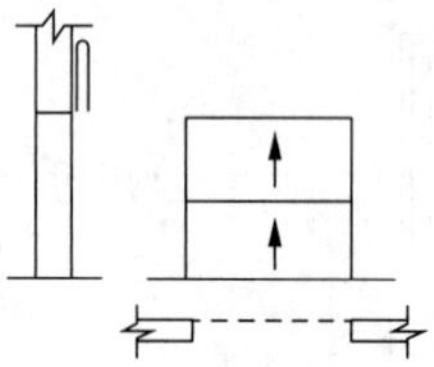	同序号 16 说明中的 1，2，5
31	单层固定窗	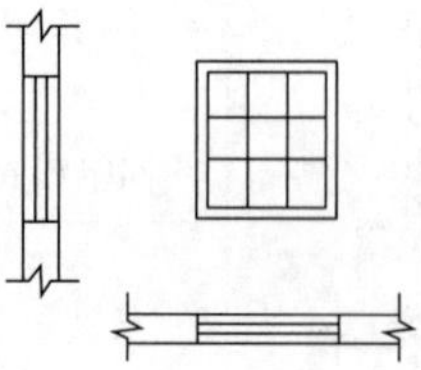	1. 窗的名称代号用 C 表示； 2. 立面图中的斜线表示窗的开关方向，实线为外开，虚线为内开；开启方向线交角的一侧为安装合页的一侧，一般设计图中可不表示； 3. 剖面图上左为外、右为内，平面图上下为外、上为内； 4. 平、剖面图上的虚线仅说明开关方式，在设计图中不需表示； 5. 窗的立面形式应按实际情况绘制
32	单层外开上悬窗	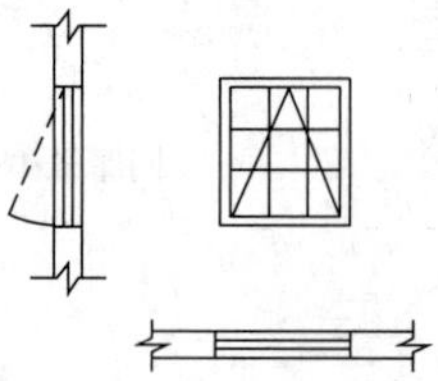	
33	单层中悬窗	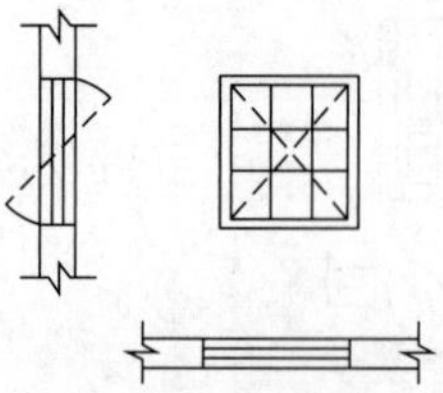	同序号 31

（续）

序号	名 称	图 例	说 明
34	单层内开下悬窗		同序号31
35	单层外开平开窗		同序号31
36	立转窗		同序号31
37	单层内开平开窗		同序号31
38	双层内外开平开窗		同序号31
39	左右推拉窗		同序号31说明中的1，3，5

(续)

序号	名称	图例	说明
40	上推窗	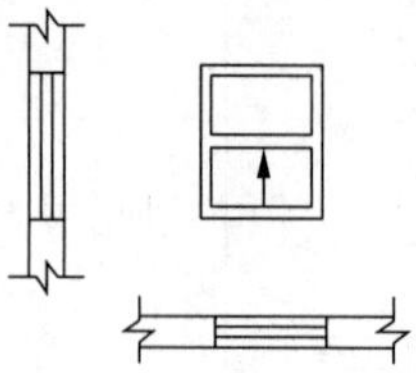	同序号 31 说明中的 1，3，5
41	百叶窗	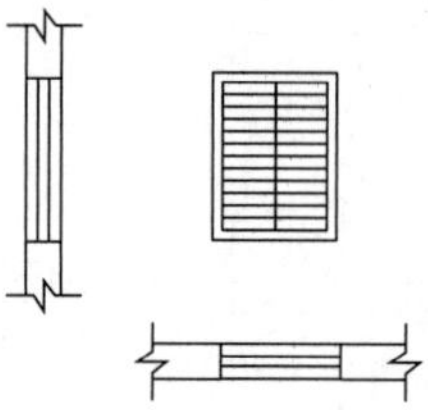	

2. 常用构件代号

序号	名称	代号	序号	名称	代号	序号	名称	代号
1	板	B	19	圈梁	QL	37	承台	CT
2	屋面板	WB	20	过梁	GL	38	设备基础	SJ
3	空心板	KB	21	连系梁	LL	39	桩	ZH
4	槽形板	CB	22	基础梁	JL	40	挡土墙	DQ
5	折板	ZB	23	楼梯梁	TL	41	地沟	DG
6	密肋板	MB	24	框架梁	KL	42	柱间支撑	ZC
7	楼梯板	TB	25	框支梁	KZL	43	垂直支撑	CC
8	盖板或沟盖板	GB	26	屋面框架梁	WKL	44	水平支撑	SC
9	挡雨板或檐口板	YB	27	檩条	LT	45	梯	T
10	吊车安全走道板	DB	28	屋架	WJ	46	雨篷	YP
11	墙板	QB	29	托架	TJ	47	阳台	YT
12	天沟板	TGB	30	天窗架	CJ	48	梁垫	LD
13	梁	L	31	框架	KJ	49	预埋件	M
14	屋面梁	WL	32	钢架	GJ	50	天窗端壁	TD
15	吊车梁	DL	33	支架	ZJ	51	钢筋网	W
16	单轨吊车梁	DDL	34	柱	Z	52	钢筋骨架	G
17	轨道连接	DGL	35	框架柱	KZ	53	基础	J
18	车挡	CD	36	构造柱	GZ	54	暗柱	AZ

注：1. 预制钢筋混凝土构件、现浇钢筋混凝土构件、钢构件和木构件，一般可直接采用本附录中的构件代号。在绘图中，当需要区别上述构件的材料种类时，可在构件代号前加注材料代号，并在图样中加以说明。

2. 预应力钢筋混凝土构件的代号，应在构件代号前加注"Y-"如"Y-DL"表示预应力钢筋混凝土吊车梁。

3. 一般钢筋图例

序号	名　称	图　例	说　明
1	钢筋横断面	●	
2	无弯钩的钢筋端部		下图表示长、短钢筋投影重叠时，短钢筋的端部用45°斜画线表示
3	带半圆形弯钩的钢筋端部		
4	带直钩的钢筋端部		
5	带丝扣的钢筋端部		
6	无弯钩的钢筋搭接		
7	带半圆形弯钩的钢筋搭接		
8	带直钩的钢筋搭接		
9	钢筋套管接头（花篮螺丝）		
10	机械连接钢筋接头		
11	预应力钢筋